JN056667

新版数学シリーズ

新版線形代数演習

改訂版

岡本和夫［監修］

実教出版

本書の構成と利用

　本書は，教科書の内容を確実に理解し，問題演習を通して応用力を養成できるよう編集しました。

　新しい内容には，自学自習で理解できるように，例題を示しました。

要点　　　教科書記載の基本事項のまとめ

Ａ問題　　教科書記載の練習問題レベルの問題
　　　　　（　）内に対応する教科書の練習番号を記載

Ｂ問題　　応用力を付けるための問題
　　　　　教科書に載せていない内容には例題を掲載

発展問題　発展学習的な問題

章の問題　章全体の総合的問題

＊印　　　時間的余裕がない場合，＊印の問題だけを解いて
　　　　　いけば一通り学習できるよう配慮しています。

目次

1 | 平面ベクトル

◆◆◆要点◆◆◆

▶**ベクトルの和・差・実数倍** —— m, n が実数のとき

[1] $\vec{a} + \vec{b} = \vec{b} + \vec{a}$　　　　　　[2] $(\vec{a} + \vec{b}) + \vec{c} = \vec{a} + (\vec{b} + \vec{c})$

[3] $(mn)\vec{a} = m(n\vec{a})$　　　　　[4] $(m + n)\vec{a} = m\vec{a} + n\vec{a}$

[5] $m(\vec{a} + \vec{b}) = m\vec{a} + m\vec{b}$　　[6] $|m\vec{a}| = |m| \times |\vec{a}|$

▶**ベクトルの平行** —— $\vec{a} \neq \vec{0}$, $\vec{b} \neq \vec{0}$ のとき

$\vec{a} \parallel \vec{b} \iff \vec{b} = k\vec{a}$ となる実数 k がある。

▶**ベクトルの大きさ** —— $\vec{a} = (a_1, a_2)$ のとき $|\vec{a}| = \sqrt{a_1{}^2 + a_2{}^2}$

▶**ベクトルの成分表示と大きさ** —— 点 A(a_1, a_2), B(b_1, b_2) について

$\overrightarrow{AB} = (b_1 - a_1, b_2 - a_2)$,　　　$|\overrightarrow{AB}| = \sqrt{(b_1 - a_1)^2 + (b_2 - a_2)^2}$

▶**ベクトルの 1 次独立** —— $\vec{a} \neq \vec{0}$, $\vec{b} \neq \vec{0}$ のとき,

$\vec{a}$ と $\vec{b}$ が平行でない $\iff$ $\vec{a}$ と $\vec{b}$ は 1 次独立……このとき任意のベクトル $\vec{p}$ は一意的に $\vec{p} = m\vec{a} + n\vec{b}$ （m, n は実数）と表せる。

▶**ベクトルの内積**

$\vec{a} \cdot \vec{b} = |\vec{a}||\vec{b}|\cos\theta$　（θ は $\vec{a}$ と $\vec{b}$ のなす角）

とくに $\vec{a} = (a_1, a_2)$, $\vec{b} = (b_1, b_2)$ のとき

$\vec{a} \cdot \vec{b} = a_1b_1 + a_2b_2$,　　$\cos\theta = \dfrac{\vec{a} \cdot \vec{b}}{|\vec{a}||\vec{b}|} = \dfrac{a_1b_1 + a_2b_2}{\sqrt{a_1{}^2 + a_2{}^2}\sqrt{b_1{}^2 + b_2{}^2}}$

▶**ベクトルの垂直**

$\vec{a} \perp \vec{b} \iff \vec{a} \cdot \vec{b} = 0$

$\iff a_1b_1 + a_2b_2 = 0$　（$\vec{a} = (a_1, a_2)$, $\vec{b} = (b_1, b_2)$ のとき）

▶**内積の基本性質**

[1] $\vec{a} \cdot \vec{b} = \vec{b} \cdot \vec{a}$　　$\vec{a} \cdot \vec{a} = |\vec{a}|^2$　　[2] $\vec{a} \cdot (\vec{b} + \vec{c}) = \vec{a} \cdot \vec{b} + \vec{a} \cdot \vec{c}$

[3] $(k\vec{a}) \cdot \vec{b} = \vec{a} \cdot (k\vec{b}) = k(\vec{a} \cdot \vec{b})$　（k は実数）

▶**分点の位置ベクトル** —— 原点を O, $\overrightarrow{OA} = \vec{a}$, $\overrightarrow{OB} = \vec{b}$, 線分 AB を $m : n$ に内分する点を P, $m : n$ に外分する点を Q, $\overrightarrow{OP} = \vec{p}$, $\overrightarrow{OQ} = \vec{q}$ として

$\vec{p} = \dfrac{n\vec{a} + m\vec{b}}{m + n}$　　　$\vec{q} = \dfrac{(-n)\vec{a} + m\vec{b}}{m + (-n)}$

▶**点 P₁ を通り $\vec{u}$ に平行な直線 λ の方程式** —— 原点が O, $\overrightarrow{OP_1} = \vec{p_1}$ のとき λ 上の任意点 P について $\overrightarrow{OP} = \vec{p}$ とすると $\vec{p} = \vec{p_1} + t\vec{u}$ （t は実数）

とくに $\vec{p} = (x, y)$, $\vec{p_1} = (x_1, y_1)$, $\vec{u} = (m, n)$ のとき

$\begin{cases} x = x_1 + mt \\ y = y_1 + nt \end{cases}$　すなわち　$\dfrac{x - x_1}{m} = \dfrac{y - y_1}{n}$　$(= t)$　$\begin{pmatrix} m \neq 0 \\ n \neq 0 \end{pmatrix}$

▶**点 P_1 を通り $\vec{n}$ に垂直な直線 λ の方程式** —— 原点が O, $\overrightarrow{OP_1} = \vec{p_1}$ のとき
λ 上の任意点 P について，$\overrightarrow{OP} = \vec{p}$ とすると　$\vec{n}\cdot(\vec{p} - \vec{p_1}) = 0$
とくに $\vec{p} = (x, y)$, $\vec{p_1} = (x_1, y_1)$, $\vec{n} = (a, b)$ とすると
$$a(x - x_1) + b(y - y_1) = 0$$

▶**中心が点 C で半径が r の円 σ の方程式** —— 原点が O, $\overrightarrow{OC} = \vec{c}$ のとき
σ 上の任意点 P について，$\overrightarrow{OP} = \vec{p}$ とすると
$$(\vec{p} - \vec{c})\cdot(\vec{p} - \vec{c}) = r^2$$
とくに $\vec{p} = (x, y)$, $\vec{c} = (a, b)$ のとき　$(x - a)^2 + (y - b)^2 = r^2$

A

1 右図のベクトル $\vec{a}$, $\vec{b}$, $\vec{c}$ に対して次のベクトルを表示せよ。(國 p.11 練習1)

*(1) $\vec{a} + \vec{b}$　　(2) $\vec{b} + \vec{c}$　　*(3) $\vec{a} - \vec{b}$

(4) $\vec{b} - \vec{c}$　　(5) $\dfrac{1}{3}\vec{c}$　　(6) $\vec{a} - 2\vec{b}$

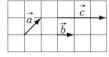

* **2** 次の計算をせよ。(國 p.12 練習2)

(1) $(2\vec{a} + 3\vec{b}) - (4\vec{a} - \vec{b})$　　(2) $4(\vec{a} - 3\vec{b}) + 3(\vec{b} - 2\vec{a})$

3 次の等式を満たす $\vec{x}$ を $\vec{a}$, $\vec{b}$ で表せ。(國 p.12 練習3)

(1) $2\vec{x} - \vec{a} + \vec{b} = \vec{a} + \vec{x}$　　*(2) $3(\vec{x} - \vec{a}) = \vec{x} - 2(\vec{b} + \vec{x})$

4 一辺の長さが 2 の正六角形 ABCDEF において，$\overrightarrow{AB} = \vec{a}$, $\overrightarrow{AC} = \vec{b}$ とするとき，次のベクトルを $\vec{a}$, $\vec{b}$ で表せ。(國 p.13 練習4, 5)

(1) $\overrightarrow{BC}$　　　(2) $\overrightarrow{AF}$　　　(3) $\overrightarrow{CE}$

(4) $\overrightarrow{AD}$ に平行な単位ベクトル　　(5) $\overrightarrow{BF}$ に平行な単位ベクトル

* **5** $\vec{a} = (-1, 1)$, $\vec{b} = (2, -6)$, $\vec{c} = (1, -3)$ のとき，次のベクトルを成分で表せ。(國 p.15 練習6)

(1) $3\vec{a}$　　　(2) $2\vec{b} - \vec{c}$　　　(3) $\vec{a} - \vec{b} + \vec{c}$

6 3点 A(2, -1), B(-1, 1), C(-2, -3) について，次のベクトルの成分と大きさを求めよ。(國 p.16 練習7)

*(1) $\overrightarrow{AB}$　　　(2) $\overrightarrow{AB} + \overrightarrow{AC}$　　　*(3) $2\overrightarrow{BC} - \overrightarrow{AC}$

7 $\vec{a} = (3, -1)$, $\vec{b} = (-1, 2)$, $\vec{c} = (7, 6)$ のとき，t を実数として $(2\vec{a} + 3\vec{b}) /\!/ (\vec{b} + t\vec{c})$ となる t を求めよ。(國 p.17 練習10)

8　$\vec{a} = (2,\ 1)$, $\vec{b} = (-1,\ 3)$ のとき, 次の各ベクトルを $\vec{a}$ と $\vec{b}$ の1次結合,
つまり $m\vec{a} + n\vec{b}$ の形に表せ。　　　　　　　　　　　　　　(教 p.18 練習 11)

　　*(1)　$\vec{c} = (-7,\ 7)$　　　　　　　　　(2)　$\vec{d} = (9,\ 1)$

9　2つのベクトル $\vec{a}$, $\vec{b}$ が1次独立であるとき, 次の式が成り立つように x,
y の値を定めよ。　　　　　　　　　　　　　　　　　　(教 p.19 練習 12)

　　*(1)　$(x-1)\vec{a} - (1-y)\vec{b} = 2\vec{a} + \vec{b}$　(2)　$(2x-y)\vec{a} + (x+2y)\vec{b} = \vec{0}$

* 10　次のベクトル $\vec{a}$, $\vec{b}$ の内積を求めよ。ただし, θ は $\vec{a}$, $\vec{b}$ のなす角とする。
　　　　　　　　　　　　　　　　　　　　　　(教 p.20 練習 14, p.22 練習 17)

　　(1)　$|\vec{a}| = 5$, $|\vec{b}| = 2$, $\theta = \dfrac{\pi}{4}$　　(2)　$\vec{a} = (4,\ -1)$, $\vec{b} = (3,\ 5)$

* 11　次のベクトル $\vec{a}$, $\vec{b}$ のなす角 θ を求めよ。　　(教 p.23 練習 18, 19)

　　(1)　$\vec{a} = (1,\ \sqrt{3})$, $\vec{b} = (3,\ \sqrt{3})$

　　(2)　$\vec{a} = (\sqrt{2}-1,\ 1)$, $\vec{b} = (\sqrt{2},\ \sqrt{2}-2)$

12　次のベクトル $\vec{a}$, $\vec{b}$ が垂直となるように k の値を定めよ。　(教 p.24 練習 20)

　　(1)　$\vec{a} = (6,\ -1)$, $\vec{b} = (k,\ 4)$　　*(2)　$\vec{a} = (1,\ k+1)$, $\vec{b} = (-2,\ k)$

13　次の等式が成り立つことを示せ。　　　　　　　　　　(教 p.25 練習 22)

　　(1)　$(2\vec{a}+\vec{b})\cdot(2\vec{a}-\vec{b}) = 4|\vec{a}|^2 - |\vec{b}|^2$

　　(2)　$|\vec{a}+3\vec{b}|^2 = |\vec{a}|^2 + 6\vec{a}\cdot\vec{b} + 9|\vec{b}|^2$

* 14　$|\vec{a}| = 2$, $|\vec{b}| = 3$, $\vec{a}\cdot\vec{b} = -1$ のとき, 次の値を求めよ。　(教 p.26 練習 23)

　　(1)　$(\vec{a}-3\vec{b})\cdot(2\vec{a}+\vec{b})$　　　　　(2)　$|\vec{a}+2\vec{b}|$

* 15　$|\vec{a}| = 2$, $|\vec{b}| = \sqrt{3}$, $|\vec{a}-2\vec{b}| = 2$ のとき次の問いに答えよ。

　　　　　　　　　　　　　　　　　　　　　　　　　　(教 p.26 練習 24)

　　(1)　$\vec{a}\cdot\vec{b}$ を求めよ。　　　　　　(2)　$\vec{a}$, $\vec{b}$ のなす角 θ を求めよ。

* 16　点 O を基点とする2点 A, B の位置ベクトルをそれぞれ $\vec{a}$, $\vec{b}$ とするとき,
次の点の位置ベクトルを $\vec{a}$, $\vec{b}$ で表せ。　　　　　　(教 p.30 練習 25)

　　(1)　線分 AB を 3 : 1 に内分する点　(2)　線分 AB を 3 : 1 に外分する点

* 17　△ABC の辺 BC, CA, AB を 3 : 2 に内分する点をそれぞれ D, E, F と
するとき, △DEF の重心は △ABC の重心と一致することを示せ。

　　　　　　　　　　　　　　　　　　　　　　　　　　(教 p.30 練習 26)

* **18** △ABC で辺 AB を 1 : 2 に内分する点を P，辺 AC の中点を Q，辺 BC を 2 : 1 に外分する点を R とする。$\overrightarrow{AB} = \vec{b}$，$\overrightarrow{AC} = \vec{c}$ とするとき，次の問いに答えよ。 (敎 p.30 練習 25，p.31 練習 27，p.32 練習 28)

(1) $\overrightarrow{PQ}$，$\overrightarrow{PR}$ を $\vec{b}$，$\vec{c}$ で表せ。

(2) 3 点 P，Q，R は同一直線上にあることを示せ。

(3) 点 Q は PR をどのような比に分ける点か。

* **19** 次の問いに答えよ。 (敎 p.34 練習 29-31，p.35 練習 32-34，p.36 練習 35)

(1) 点 A(2, 1) を通り，$\vec{d} = (3, -2)$ に平行な直線を媒介変数 t で表せ。

(2) 2 点 A$(-3, -1)$，B$(1, 2)$ を通る直線を媒介変数 t で表せ。

(3) 2 点 A$(5, 2)$，B$(1, 2)$ を通る直線の方程式を求めよ。

(4) 点 A$(4, -2)$ を通り，$\vec{n} = (-1, 3)$ に垂直な直線の方程式を求めよ。

(5) 点 A$(4, 2)$ を通り直線 $2x + 3y = 0$ に垂直な直線の方程式を求めよ。

(6) 点 C$(3, -1)$ を中心として，半径が 2 の円の方程式を求めよ。

(7) 点 A$(3, -2)$，B$(-1, 0)$ を直径の両端とする円の方程式を求めよ。

◆◇◆◇◆◇◆◇◆◇◆◇◆◇◆◇◆◇ **B** ◆◇◆◇◆◇◆◇◆◇◆◇◆◇◆◇◆◇

* **20** $5\vec{x} - 2\vec{y} = 4\vec{a}$，$\vec{x} - \vec{y} = -\vec{a}$ $(\vec{a} \neq \vec{0})$ のとき，$\vec{x} /\!/ \vec{y}$ であることを示せ。

21 平面上に点 P と △ABC がある。点 P が等式 $\overrightarrow{PA} + \overrightarrow{PB} + \overrightarrow{PC} = \overrightarrow{AB}$ を満たすとき，P が辺 AC 上にあることを示せ。また，P は辺 AC をどのような比に分けるか。

例題 1 $\vec{a} = (-3, 1)$，$\vec{b} = (2, 1)$ に対して $\vec{c} = \vec{a} + t\vec{b}$ とする。t の値が $0 \leq t \leq 3$ のとき，$|\vec{c}|$ の最大値，最小値とそのときの t の値を求めよ。

考え方 $|\vec{c}|^2$ を t の 2 次関数で表す。

解 $\vec{c} = (-3, 1) + t(2, 1) = (2t-3, t+1)$ だから
$$|\vec{c}|^2 = (2t-3)^2 + (t+1)^2 = 5t^2 - 10t + 10$$
$$= 5(t-1)^2 + 5$$
よって，$0 \leq t \leq 3$ では，
$|\vec{c}|^2$ の最大値は 25 $(t=3)$，最小値は 5 $(t=1)$
したがって
$|\vec{c}|$ の最大値は 5 $(t=3)$，最小値は $\sqrt{5}$ $(t=1)$

* **22** $\vec{a} = (2,\ 1)$, $\vec{b} = (-1,\ 1)$, $\vec{c} = (3,\ -2)$ のとき，次の問いに答えよ。

  (1) $\vec{a} + t\vec{b}$ と $\vec{c}$ が平行になるときの t の値を求めよ。

  (2) $\vec{a} + t\vec{b}$ の大きさが $\sqrt{17}$ となるときの t の値を求めよ。

  *(3) $\vec{a} + t\vec{b}$ の大きさの最小値と，そのときの t の値を求めよ。

23 $\vec{a} = (2,\ 3)$, $\vec{b} = (3,\ 2)$, $\vec{c} = (1,\ x)$ のとき，次の問いに答えよ。

  (1) $(\vec{a} + y\vec{b}) \perp (\vec{a} + \vec{b})$ となるときの y の値を求めよ。

  (2) $\vec{c}$ と $\vec{a}$ のなす角が $\dfrac{\pi}{4}$ のときの x の値を求めよ。

24 △ABC において，辺 AB を $3:1$ に内分する点を D，辺 AC を $1:2$ に内分する点を E とし，BE と CD の交点を P とする。$\overrightarrow{AB} = \vec{b}$, $\overrightarrow{AC} = \vec{c}$ とするとき，$\overrightarrow{AP}$ を $\vec{b}$, $\vec{c}$ で表せ。

* **25** ベクトルを用いて，次の図形の方程式を求めよ。

  (1) 2 点 A(2, 3)，B(-4, -1) を直径の両端とする円。

  (2) 点 C(4, 3) が中心で点 A(2, 1) を通る円，および点 A での円の接線。

═══════════ ◀ **発展問題** ▶ ═══════════

例題 2 $\overrightarrow{OA} = \vec{a}$, $\overrightarrow{OB} = \vec{b}$ のとき，△OAB の面積 S は
$S = \dfrac{1}{2}\sqrt{|\vec{a}|^2|\vec{b}|^2 - (\vec{a} \cdot \vec{b})^2}$ となることを示せ。

考え方 $S = \dfrac{1}{2}|\vec{a}||\vec{b}|\sin\theta$。これと $\cos\theta = \dfrac{\vec{a} \cdot \vec{b}}{|\vec{a}||\vec{b}|}$ を組み合わせる。

解 $\angle AOB = \theta$ とすると $\sin\theta > 0$ で $\cos\theta = \dfrac{\vec{a} \cdot \vec{b}}{|\vec{a}||\vec{b}|}$ であるから

$$\sin\theta = \sqrt{1 - \cos^2\theta} = \sqrt{1 - \frac{(\vec{a} \cdot \vec{b})^2}{|\vec{a}|^2|\vec{b}|^2}} = \frac{\sqrt{|\vec{a}|^2|\vec{b}|^2 - (\vec{a} \cdot \vec{b})^2}}{|\vec{a}||\vec{b}|}$$

よって $S = \dfrac{1}{2}|\vec{a}||\vec{b}|\sin\theta = \dfrac{1}{2}\sqrt{|\vec{a}|^2|\vec{b}|^2 - (\vec{a} \cdot \vec{b})^2}$

26 O(0, 0)，A(1, 3)，B(-2, 2) のとき，次の問いに答えよ。

  (1) $\angle AOB = \theta$ $(0 \leqq \theta \leqq \pi)$ とするとき，$\sin\theta$ の値を求めよ。

  (2) △OAB の面積 S を求めよ。

27 例題 2 で $\vec{a} = (a_1,\ a_2)$, $\vec{b} = (b_1,\ b_2)$ のとき，$S = \dfrac{1}{2}|a_1 b_2 - a_2 b_1|$ を示せ。

2 | 空間ベクトル

◆◆◆要点◆◆◆

▶**ベクトルの和・差・実数倍** —— m, n が実数のとき

[1] $\vec{a} + \vec{b} = \vec{b} + \vec{a}$ 　　　　[2] $(\vec{a} + \vec{b}) + \vec{c} = \vec{a} + (\vec{b} + \vec{c})$

[3] $(mn)\vec{a} = m(n\vec{a})$ 　　　　[4] $(m + n)\vec{a} = m\vec{a} + n\vec{b}$

[5] $m(\vec{a} + \vec{b}) = m\vec{a} + n\vec{b}$ 　　　　[6] $|m\vec{a}| = |m| \times |\vec{a}|$

▶**ベクトルの平行** —— $\vec{a} \neq \vec{0}$, $\vec{b} \neq \vec{0}$ のとき

$\vec{a} /\!/ \vec{b} \Longleftrightarrow \vec{b} = k\vec{a}$ となる実数がある。

▶**ベクトルの大きさ** —— $\vec{a} = (a_1,\ a_2,\ a_3)$ のとき

$|\vec{a}| = \sqrt{a_1{}^2 + a_2{}^2 + a_3{}^2}$

▶**ベクトルの成分表示と大きさ** —— 点 A$(a_1,\ a_2,\ a_3)$, B$(b_1,\ b_2,\ b_3)$ のとき

$\overrightarrow{AB} = (b_1 - a_1,\ b_2 - a_2,\ b_3 - a_3)$

$|\overrightarrow{AB}| = \sqrt{(b_1 - a_1)^2 + (b_2 - a_2)^2 + (b_3 - a_3)^2}$

▶**ベクトルの1次独立** —— $\vec{a} \neq \vec{0}$, $\vec{b} \neq \vec{0}$, $\vec{c} \neq \vec{0}$ のとき

$\vec{a}$, $\vec{b}$, $\vec{c}$ が同一平面上にない $\Longleftrightarrow$ $\vec{a}$, $\vec{b}$, $\vec{c}$ は1次独立

このとき任意のベクトル $\vec{p}$ は一意的に次の形で表せる。

$\vec{p} = s\vec{a} + t\vec{b} + u\vec{c}$ （s, t, u は実数）

▶**ベクトルの内積**

$\vec{a} \cdot \vec{b} = |\vec{a}||\vec{b}|\cos\theta$ （θ は $\vec{a}$ と $\vec{b}$ のなす角）

とくに $\vec{a} = (a_1,\ a_2,\ a_3)$, $\vec{b} = (b_1,\ b_2,\ b_3)$ のとき

$\vec{a} \cdot \vec{b} = a_1 b_1 + a_2 b_2 + a_3 b_3$, $\cos\theta = \dfrac{a_1 b_1 + a_2 b_2 + a_3 b_3}{\sqrt{a_1{}^2 + a_2{}^2 + a_3{}^2}\sqrt{b_1{}^2 + b_2{}^2 + b_3{}^2}}$

▶**ベクトルの垂直**

$\vec{a} \perp \vec{b} \Longleftrightarrow \vec{a} \cdot \vec{b} = 0$

とくに $\vec{a} = (a_1,\ a_2,\ a_3)$, $\vec{b} = (b_1,\ b_2,\ b_3)$ のとき

$\vec{a} \perp \vec{b} \Longleftrightarrow a_1 b_1 + a_2 b_2 + a_3 b_3 = 0$

▶**内積の基本性質**

[1] $\vec{a} \cdot \vec{b} = \vec{b} \cdot \vec{a}$ 　　$\vec{a} \cdot \vec{a} = |\vec{a}|^2$

[2] $\vec{a} \cdot (\vec{b} + \vec{c}) = \vec{a} \cdot \vec{b} + \vec{a} \cdot \vec{c}$

[3] $(k\vec{a}) \cdot \vec{b} = \vec{a} \cdot (k\vec{b}) = k(\vec{a} \cdot \vec{b})$ 　（k は実数）

▶**分点の位置ベクトル** —— 原点を O, $\overrightarrow{OA} = \vec{a}$, $\overrightarrow{OB} = \vec{b}$, 線分 AB を $m : n$ に内分する点を P, $m : n$ に外分する点を Q, $\overrightarrow{OP} = \vec{p}$, $\overrightarrow{OQ} = \vec{q}$ として

$\vec{p} = \dfrac{n\vec{a} + m\vec{b}}{m + n}$, $\vec{q} = \dfrac{(-n)\vec{a} + m\vec{b}}{m + (-n)}$

▶**点 P_1 を通り $\vec{u}$ に平行な直線 λ の方程式** —— 原点が O, $\overrightarrow{OP_1} = \vec{p_1}$ のとき
λ 上の任意点 P について $\overrightarrow{OP} = \vec{p}$ とすると $\vec{p} = \vec{p_1} + t\vec{u}$ (t は実数)
とくに $\vec{p} = (x, y, z)$, $\vec{p_1} = (x_1, y_1, z_1)$, $\vec{u} = (l, m, n)$ のとき

$$\begin{cases} x = x_1 + lt \\ y = y_1 + mt \\ z = z_1 + nt \end{cases} \quad \text{すなわち} \quad \frac{x - x_1}{l} = \frac{y - y_1}{m} = \frac{z - z_1}{n} \ (= t)$$
$$(l \neq 0, \ m \neq 0, \ n \neq 0)$$

▶**点 P_1 を通り $\vec{n}$ に垂直な平面 α の方程式** —— 原点が O, $\overrightarrow{OP_1} = \vec{p_1}$ のとき
α 上の任意点 P について $\overrightarrow{OP} = \vec{p}$ とすると $\vec{n} \cdot (\vec{p} - \vec{p_1}) = 0$
とくに $\vec{p} = (x, y, z)$, $\vec{p_1} = (x_1, y_1, z_1)$, $\vec{n} = (a, b, c)$ のとき
$$a(x - x_1) + b(y - y_1) + c(z - z_1) = 0$$

▶**中心が点 C で半径が r の球面 σ の方程式** —— 原点が O, $\overrightarrow{OC} = \vec{c}$ のとき
σ 上の任意点 P について, $\overrightarrow{OP} = \vec{p}$ とすると $(\vec{p} - \vec{c}) \cdot (\vec{p} - \vec{c}) = r^2$
とくに $\vec{p} = (x, y, z)$, $\vec{c} = (a, b, c)$ のとき
$$(x - a)^2 + (y - b)^2 + (z - c)^2 = r^2$$

A

* **28** 次の2点間の距離を求めよ。 （教 p.40 練習1）

    (1) $(0, 0, 0)$, $(-1, 2, 2)$ (2) $(1, -3, 1)$, $(-1, 2, 3)$

29 次の点 A, B, C を頂点とする三角形は, どのような三角形か。

    *(1) A$(2, 2, 4)$, B$(5, 4, -2)$, C$(-1, 2, 1)$ （教 p.40 練習2）

    (2) A$(3, 2, 1)$, B$(5, 1, 3)$, C$(3, 4, 2)$

* **30** 右の直方体において $\overrightarrow{AB} = \vec{a}$, $\overrightarrow{AD} = \vec{b}$, $\overrightarrow{AE} = \vec{c}$
とするとき, 次のベクトルを $\vec{a}$, $\vec{b}$, $\vec{c}$ で表せ。

    (1) $\overrightarrow{AF}$ (2) $\overrightarrow{EC}$ （教 p.41 練習3）

    (3) $\overrightarrow{GA}$ (4) $\overrightarrow{CM}$

31 $\vec{a} = (1, -2, 1)$, $\vec{b} = (-2, 1, 6)$ のとき, 次のベクトルの成分と大きさ
を求めよ。 （教 p.44 練習7）

    *(1) $2\vec{a}$ *(2) $4\vec{a} - \vec{b}$ (3) $3\vec{a} - 2(2\vec{a} - \vec{b})$

32 3点 A$(2, -3, 1)$, B$(3, -1, -1)$, C$(0, -1, 2)$ について, 次のベク
トルの成分と大きさを求めよ。 （教 p.44 練習7）

    *(1) $\overrightarrow{AB}$ (2) $\overrightarrow{AB} + \overrightarrow{AC}$ *(3) $2\overrightarrow{BC} - \overrightarrow{AC}$

33 3点 A(1, 2, 3), B(3, 4, 1), C(−3, 5, −1) を頂点としてもつ四角形 ABCD が平行四辺形であるときの点 D の座標を求めよ。 (教 p.44 練習8)

34 $\vec{a} = (2, -1, -2)$, $\vec{b} = (6, m, n)$ のとき, $\vec{a} \parallel \vec{b}$ となるように m, n の値を定めよ。 (教 p.45 練習9)

* **35** $\vec{a} = (-1, -\sqrt{6}, \sqrt{2})$ のとき, $\vec{a}$ と同じ向きの単位ベクトルと, $\vec{a}$ と逆向きの単位ベクトルをそれぞれ成分で表せ。 (教 p.45 練習10)

36 $\vec{a} = (1, 4, -1)$, $\vec{b} = (1, -2, 0)$, $\vec{c} = (2, -2, 1)$ のとき, 次の各ベクトルを $l\vec{a} + m\vec{b} + n\vec{c}$ の形に表せ。 (教 p.46 練習11)
　　*(1) $\vec{p} = (7, 0, -1)$　　　　(2) $\vec{q} = (3, 6, 2)$

* **37** 一辺が 1 の右の立方体 ABCD-EFGH において, 次の内積を求めよ。
　　(1) $\overrightarrow{AF} \cdot \overrightarrow{AD}$　　(2) $\overrightarrow{AB} \cdot \overrightarrow{HG}$　　　　(教 p.47 練習12)
　　(3) $\overrightarrow{DB} \cdot \overrightarrow{FE}$　　(4) $\overrightarrow{AG} \cdot \overrightarrow{HF}$

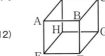

* **38** 次の 2 つのベクトルについて, 内積となす角 θ を求めよ。 (教 p.49 練習14)
　　(1) $\vec{a} = (1, 0, 1)$, $\vec{b} = (2, -1, 1)$
　　(2) $\vec{a} = (-2, 2, 1)$, $\vec{b} = (4, -5, 3)$

* **39** $\vec{a} = (2, 1, -2)$, $\vec{b} = (1, 1, 0)$ の両方に垂直な単位ベクトルを求めよ。 (教 p.50 練習15)

* **40** 2点 A(1, 3, 2), B(−8, 2, −1) の位置ベクトルをそれぞれ $\overrightarrow{OA} = \vec{a}$, $\overrightarrow{OB} = \vec{b}$ とするとき, 線分 AB を 1:2 に内分する点P, 外分する点Q の位置ベクトルをそれぞれ $\vec{a}$ と $\vec{b}$ の 1 次結合で表せ。また, P と Q の座標をそれぞれ求めよ。 (教 p.53 練習17)

* **41** 2点 A(1, 2, 3), B(6, 7, −2) を結ぶ線分について, 次の各点の座標を求めよ。 (教 p.53 練習17)
　　(1) 線分 AB の中点 M　　　　(2) 線分 AB を 3:2 に内分する点 P
　　(3) 線分AB を 3:2 に外分する点 Q

* **42** 3点 A(1, 4, −3), B(2, −5, 1), C(3, −2, 2) を頂点とする △ABC の重心の座標を求めよ。 (教 p.53 練習18)

43 四面体 OABC において，$\overrightarrow{OA} = \vec{a}$，$\overrightarrow{OB} = \vec{b}$，
$\overrightarrow{OC} = \vec{c}$ とする。辺 AB を $1:2$ に内分する点
を L，辺 OC の中点を M，線分 LM を $2:3$ に
内分する点を N，△OBC の重心を G とすると
き，次の問いに答えよ。

(教 p.54 練習 19, p.55 練習 20)

(1) $\overrightarrow{ON}$，$\overrightarrow{OG}$ を $\vec{a}$，$\vec{b}$，$\vec{c}$ で表せ。

(2) 3 点 A，N，G は同一直線上にあることを示せ。

* **44** 次の直線の方程式を求めよ。 (教 p.57 練習 21-22)

(1) 点 $A(2, -3, 1)$ を通り，$\vec{u} = (1, -2, 3)$ に平行な直線。

(2) 点 $(-1, 3, \sqrt{2})$ を通り，方向ベクトルが $\vec{u} = (2, -1, 2)$ の直線。

(3) 2 点 $A(1, 2, 4)$，$B(-1, 3, 2)$ を通る直線。

(4) 2 点 $A(1, 2, 4)$，$B(-1, 2, 2)$ を通る直線。

(5) 2 点 $A(5, 6, 2)$，$B(-1, 3, 2)$ を通る直線。

* **45** 次の方程式で表される 2 直線 λ_1，λ_2 について次の問いに答えよ。

$$\lambda_1 : x = 1 + 2t, \ y = 2 - 2t, \ z = 3 - t$$ (教 p.57 練習 23)

$$\lambda_2 : \frac{2 - x}{4} = \frac{y - 3}{5} = \frac{z - 1}{-3}$$

(1) 直線 λ_1 の方向ベクトル $\vec{u_1}$ を 1 つ求めよ。

(2) 直線 λ_2 の方向ベクトル $\vec{u_2}$ を 1 つ求めよ。

(3) 2 直線 λ_1，λ_2 のなす角 $\left(0 < \theta < \dfrac{\pi}{2}\right)$ を求めよ。

* **46** 次の平面の方程式を求めよ。 (教 p.58 練習 25)

(1) 点 $A(2, -3, 1)$ を通り，$\vec{n} = (1, -2, 3)$ に垂直な平面。

(2) 2 点 $A(2, -3, 1)$，$B(3, -1, -1)$ に対して，点 A を通り，$\overrightarrow{AB}$ に
垂直な平面。

(3) 点 $A(1, 2, 3)$ を通り平面 $x - 2y + 3z = 5$ に平行な平面。

47 次の球面の方程式を求めよ。 (教 p.59 練習 26-27)

*(1) 中心が点 $(2, 3, 1)$，半径が $\sqrt{3}$ の球面。

(2) 原点を中心とし，点 $(1, 1, \sqrt{2})$ を通る球面。

(3) 2 点 $A(5, 6, 4)$，$B(0, 1, -1)$ を直径の両端とする球面。

(4) 中心が点 $A(-1, 4, 2)$ で yz 平面に接する球面。

◇◆◇◆◇◆◇◆◇◆◇◆◇◆◇◆◇◆◇◆◇◆◇ **B** ◇◆◇◆◇◆◇◆◇◆◇◆◇◆◇◆◇◆◇◆◇◆◇

48　2 点 A(1, 2, 3), B(3, 4, 5) から等距離にある, x 軸上の点の座標を求めよ。

＊49　平行六面体 ABCD-EFGH で, CD, EF, AG の中点をそれぞれ P, Q, R とする。R は線分 PQ の中点であることを示せ。

50　次の条件を満たす実数 x の値を求めよ。

(1)　$\vec{a} = (2,\ x,\ x-3)$ と $\vec{b} = (x+3,\ x+1,\ x^2)$ が垂直である。

＊(2)　$\vec{a} = (1,\ -1,\ 2)$ と $\vec{b} = (x+1,\ -5,\ x)$ のなす角が $\dfrac{\pi}{6}$ である。

(3)　3 つのベクトル $\vec{a} = (1,\ -2,\ x+1)$, $\vec{b} = (x,\ -4,\ 6)$, $\vec{c} = (-2x,\ 1,\ x+4)$ が, 互いに垂直である。

51　2 つのベクトル $\vec{a} = (2,\ -1,\ -2)$, $\vec{b} = (4,\ 1,\ 8)$ のなす角を 2 等分する単位ベクトルを求めよ。

＊52　正四面体 ABCD の辺 AB, CD は垂直であることを, ベクトルを用いて示せ。

例題 **3**　2 点 A(6, 0, 3), B(0, 3, −3) を通る直線 λ に, 原点 O から垂線 OH を引いたときの点 H の座標を求めよ。

考え方　直線 λ 上の任意点を P とすると $\overrightarrow{OP} = \overrightarrow{OA} + t\overrightarrow{AB}$ (t は実数) の形で表せる。

解　(1)　点 H は直線 λ 上にあるので $\overrightarrow{OH}$ は
$$\overrightarrow{OH} = \overrightarrow{OA} + t\overrightarrow{AB}\ (t\text{ は実数})$$
の形で表せる。
$\overrightarrow{AB} = (-6,\ 3,\ -6)$ であるから
$$\overrightarrow{OH} = (6,\ 0,\ 3) + t(-6,\ 3,\ -6)$$
$$= (6-6t,\ 3t,\ 3-6t)$$
ここで, $\overrightarrow{OH} \perp \overrightarrow{AB}$ より $\overrightarrow{OH} \cdot \overrightarrow{AB} = 0$ であるから
$$-6(6-6t) + 3\cdot 3t - 6(3-6t) = 0$$
これを解くと $t = \dfrac{2}{3}$ であり　$\overrightarrow{OH} = (2,\ 2,\ -1)$
よって点 H の座標は $(2,\ 2,\ -1)$ である。

53　2点 A(4, 2, 3), B(−5, −1, 6) を通る直線 λ に，原点 O から垂線 OH を引いたとき，次の問いに答えよ。

(1)　点 H の座標を求めよ。　　　(2)　△OAB の面積を求めよ。

例題 **4**　$\vec{a} = (3, 4, 2)$, $\vec{u} = (−1, 3, 2)$ のとき，点 A($\vec{a}$) を通り $\vec{u}$ に平行な直線 λ と xy 平面との交点の座標を求めよ。

考え方　xy 平面上の点はすべて z 座標が 0 である。

解　$\vec{p} = (x, y, z)$ とし，ベクトル方程式 $\vec{p} = \vec{a} + t\vec{u}$ を成分表示すると
$$(x, y, z) = (3, 4, 2) + t(−1, 3, 2) = (3 − t, 4 + 3t, 2 + 2t)$$
xy 平面との交点は $z = 0$ であるから $2 + 2t = 0$ より　$t = −1$
よって $x = 3 − (−1) = 4$, $y = 4 + 3(−1) = 1$
求める交点は $(4, 1, 0)$

---

* **54**　2点 A($\vec{a}$), B($\vec{b}$) を通る直線 λ がある。

(1)　λ 上の点を P($\vec{p}$) として，$\vec{p}$ を実数 t, $\vec{a}$, $\vec{b}$ を用いて表せ。

(2)　A(1, 1, 2), B(−1, 2, 1) のとき，直線 λ と zx 平面との交点の座標を求めよ。

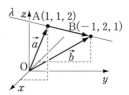

◀ **発展問題** ▶

例題 **5**　原点を O として，同一直線上にない 3 点 A, B, C の定める平面を α とする。α 上の任意の点 P の位置ベクトルは $\overrightarrow{OP} = s\overrightarrow{OA} + t\overrightarrow{OB} + u\overrightarrow{OC}$, $s + t + u = 1$ (s, t, u は実数) と表せることを示せ。

考え方　平面 α は $\overrightarrow{AB}$ と $\overrightarrow{AC}$ で決まるので，平面上の任意の点を P とすると $\overrightarrow{AP} = m\overrightarrow{AB} + n\overrightarrow{AC}$ となる実数 m, n が存在することが出発点。

解　点 P は平面 α 上にあるので，$\overrightarrow{AP} = m\overrightarrow{AB} + n\overrightarrow{AC}$ となる実数 m, n が存在する。ゆえに　$\overrightarrow{OP} − \overrightarrow{OA} = m(\overrightarrow{OB} − \overrightarrow{OA}) + n(\overrightarrow{OC} − \overrightarrow{OA})$
より　$\overrightarrow{OP} = (1 − m − n)\overrightarrow{OA} + m\overrightarrow{OB} + n\overrightarrow{OC}$
ここで，$1 − m − n = s$, $m = t$, $n = u$ とおくと
$$\overrightarrow{OP} = s\overrightarrow{OA} + t\overrightarrow{OB} + u\overrightarrow{OC}, \ s + t + u = 1 \ \text{と表せる。}$$

55　4点 A(1, −1, 1), B(2, −1, −1), C(−1, 2, −4), D(x, −4, 2) が同一平面内にあるとき，x の値を求めよ。

1 章 の問題

* **1** $\vec{a} = (1, -2)$, $\vec{b} = (-3, 1)$ とするとき，次の各問いに答えよ。
  (1) $|\vec{a}|$, $|\vec{b}|$, $\vec{a} \cdot \vec{b}$ をそれぞれ求めよ。
  (2) $\vec{a}$, $\vec{b}$ のなす角 θ $(0 \leqq \theta \leqq \pi)$ を求めよ。
  (3) $|\vec{a} + \vec{b}|^2$ を求めよ。

2 $\vec{a} = (4, -2)$, $\vec{p} = (x, 4)$, $\vec{q} = (2, y)$ とするとき，次の各問いに答えよ。
  (1) $\vec{a} /\!/ \vec{p}$ のとき，x の値を求めよ。
  (2) $\vec{a} \perp \vec{q}$ のとき，y の値を求めよ。

* **3** △OAB の辺 AB を $3:2$ に内分する点を C，線分 OC を $5:4$ に内分する点を D とする。このとき $\overrightarrow{OD}$ を $\overrightarrow{OA}$ と $\overrightarrow{OB}$ を用いて表せ。

* **4** 直線 $3x - 2y + 1 = 0$ に垂直なベクトル，平行なベクトルをそれぞれ 1 つずつ求めよ。

* **5** 空間内の 2 点 A$(1, 2, 3)$, B$(-1, 5, -2)$ を通る直線の方程式を求めよ。

6 2 つの直線
$$\frac{x-1}{2} = \frac{y-3}{-3} = \frac{z}{6},$$
$$\frac{x-2}{3} = \frac{y-3}{4} = \frac{z-1}{n}$$
が垂直となるときの n の値を求めよ。

7 2 平面
$$2x + 3y - bz + 2 = 0,$$
$$4x + cy - 8z + 5 = 0$$
が平行となるとき b, c の値をそれぞれ求めよ。

* **8** 方程式 $x^2 + y^2 + z^2 + mx + ay + bz + n = 0$ が点 $(-2, 2, -1)$ を中心とする半径 2 の球を表すとき，m, n の値をそれぞれ求めよ。ただし，a, b は定数とする。

* **9** 空間内の 2 点 A$(1, -2, -3)$, B$(2, 3, 4)$ を通る直線がある。点 A を通り，この直線に垂直な平面の方程式を求めよ。

10 $\vec{a} = (-1, 2)$, $\vec{b} = (t, 3)$ (t は実数), $\vec{c} = (1, 3)$ について，次の問いに答えよ。

(1) (x_0, y_0) を通り，$\vec{c}$ に直角に交わる直線の方程式を求めよ。

(2) $k\vec{a} + \vec{b}$ (k は実数) が $\vec{c}$ と直交するときの k と t の関係式を導け。

(3) $|k\vec{a} + \vec{b}| = \sqrt{10}$ であるとき，k と t の関係式を導け。

(4) (2), (3)を満足する k, t を求めよ。

11 △OAB において $\overrightarrow{OA} = \vec{a}$, $\overrightarrow{OB} = \vec{b}$ とし，∠AOB の二等分線が AB と交わる点を C とする。このとき，次の問いに答えよ。

(1) $\overrightarrow{OC}$ を求めよ。

(2) OC 上で長さ 1 のベクトルを求めよ。

12 点 A(1, 0, 0) を通り，ベクトル $\vec{n} = (1, 1, 1)$ に垂直な平面 α に関して原点と対称な点 P の座標を求めよ。

13 空間における直線 $\lambda : x - 1 = 2y = z$ と直交し，点 (1, 2, 3) を通る平面を α とする。

(1) 平面 α の方程式を求めよ。

(2) 点 (a, b, c) と平面 α との距離を求めよ。

(3) 平面 α と $x = 0$, $y = 0$, $z = 0$ の各平面で囲まれる部分 Q に入りうる最大の球の半径を求めよ。

14 点 A(1, 2, 0) を通り，方向ベクトルが (1, 1, 1) である直線 λ がある。このとき，次の各問いに答えよ。

(1) 原点 O から λ に下ろした垂線と λ との交点 B の座標を求めよ。

(2) 原点を通り，直線 λ を含む平面の方程式を求めよ。

15 2 つの平面
$$x + y + 2z - 1 = 0,$$
$$2x - y + z + 1 = 0$$
の交線（直線）の方程式を求めよ。

16 球面 $x^2 + y^2 + z^2 = 4$ と平面 $x - y + z = 1$ との交わりは円である。この円の面積を求めよ。

1 | 行列

◆◆◆要点◆◆◆

▶**行列**

数や文字を長方形状に並べ，両側をかっこでくくったものをいう。並んだ
数や文字を成分といい，成分の横の並びを行，縦の並びを列という。

▶**基本的な行列**

正方行列 行と列の個数が等しい行列

零 行 列 すべての成分が 0 の行列，O で表す。

対角行列 対角成分以外の成分がすべて 0 であるような正方行列

単位行列 対角成分がすべて 1 の対角行列，E で表す。

▶**逆行列**

$AX = XA = E$ を満たす行列 X を A の逆行列といい，A^{-1} で表す。逆
行列をもつ行列を**正則行列**という。

▶**転置行列**

A の $(i,\ j)$ 成分を $(j,\ i)$ 成分とするような行列を A の転置行列といい，
$^t A$ で表す。

対称行列 $^t A = A$ を満たす行列

交代行列 $^t A = -A$ を満たす行列

直交行列 $^t A = A^{-1}$ を満たす行列

A

56 行列 $\begin{pmatrix} 3 & 1 & 4 \\ 5 & 2 & -3 \\ -1 & 6 & 0 \end{pmatrix}$ について，次の成分を答えよ。 （國 p.68 練習1)

(1) $(1,\ 1)$ 成分 (2) $(1,\ 3)$ 成分 (3) $(3,\ 2)$ 成分

57 次の等式を満たす $a,\ b,\ c,\ d$ の値を求めよ。 （國 p.69 練習2)

(1) $\begin{pmatrix} a & 3 \\ c & 0 \end{pmatrix} = \begin{pmatrix} 2 & b \\ -1 & d \end{pmatrix}$ (2) $\begin{pmatrix} a+b & 5 \\ 0 & a-b \end{pmatrix} = \begin{pmatrix} 2 & a+c \\ 0 & 4 \end{pmatrix}$

* **58** 次の行列の和を求めよ。 （國 p.70 練習3)

(1) $\begin{pmatrix} 2 & 3 \\ 3 & -1 \end{pmatrix} + \begin{pmatrix} 3 & -1 \\ 1 & -2 \end{pmatrix}$ (2) $\begin{pmatrix} 2 & 2 & 3 \\ 5 & 1 & 4 \end{pmatrix} + \begin{pmatrix} 1 & 4 & 2 \\ 2 & 6 & 5 \end{pmatrix}$

* **59** 次の行列の差を求めよ。 (致 p.71 練習 4)

(1) $\begin{pmatrix} 7 & -2 \\ -1 & 8 \end{pmatrix} - \begin{pmatrix} 4 & 2 \\ -2 & 6 \end{pmatrix}$　　(2) $\begin{pmatrix} 5 & 3 & 1 \\ 1 & 0 & -1 \end{pmatrix} - \begin{pmatrix} 4 & 3 & 2 \\ 3 & -1 & -2 \end{pmatrix}$

* **60** $A = \begin{pmatrix} 5 & 3 \\ -4 & 2 \end{pmatrix}$, $B = \begin{pmatrix} 3 & 1 \\ 1 & 2 \end{pmatrix}$ のとき, $B + X = A$ が成り立つような行列 X を求めよ。 (致 p.71 練習 5)

* **61** $A = \begin{pmatrix} 1 & 2 \\ 1 & 0 \end{pmatrix}$, $B = \begin{pmatrix} 1 & -1 \\ 3 & 2 \end{pmatrix}$, $C = \begin{pmatrix} 2 & 1 \\ 0 & -3 \end{pmatrix}$ のとき, 次の行列を計算せよ。 (致 p.72 練習 6)

(1) $2A + 3B$　　　　　　　　(2) $3A - 2C$

(3) $2(A + B) - 3(A - C)$

62 $A = \begin{pmatrix} 5 & -3 \\ 1 & 2 \end{pmatrix}$, $B = \begin{pmatrix} 1 & 1 \\ 3 & -2 \end{pmatrix}$ のとき, 次の問いに答えよ。

(致 p.73 練習 7)

(1) 等式 $2(X - A) = 3(A - B)$ を満たす行列 X を求めよ。

(2) 2つの等式 $X + Y = A$, $X - Y = B$ を同時に満たす行列 X, Y を求めよ。

* **63** 次の行列の積を計算せよ。ただし $\sec\theta = \dfrac{1}{\cos\theta}$ である。 (致 p.74 練習 8)

(1) $(3 \quad -4)\begin{pmatrix} 8 \\ 5 \end{pmatrix}$　　　　　　　(2) $(\sec\theta \quad \tan\theta)\begin{pmatrix} \sec\theta \\ -\tan\theta \end{pmatrix}$

* **64** 次の行列の積を計算せよ。 (致 p.74 練習 9)

(1) $\begin{pmatrix} 2 & 3 \\ 1 & 4 \end{pmatrix}\begin{pmatrix} 3 \\ 1 \end{pmatrix}$　　(2) $\begin{pmatrix} 1 & 2 \\ 5 & 3 \end{pmatrix}\begin{pmatrix} -1 \\ 2 \end{pmatrix}$　　(3) $\begin{pmatrix} -1 & 4 \\ 2 & -3 \end{pmatrix}\begin{pmatrix} 5 \\ 2 \end{pmatrix}$

* **65** 次の行列の積を計算せよ。 (致 p.75 練習 10)

(1) $\begin{pmatrix} 3 & 2 \\ 1 & 4 \end{pmatrix}\begin{pmatrix} 1 & 3 \\ 3 & 1 \end{pmatrix}$　　(2) $\begin{pmatrix} 1 & -2 \\ 2 & 4 \end{pmatrix}\begin{pmatrix} 3 & 5 \\ 2 & -1 \end{pmatrix}$　　(3) $\begin{pmatrix} a & 1 \\ 0 & b \end{pmatrix}\begin{pmatrix} b & 1 \\ 0 & a \end{pmatrix}$

* **66** 次の行列の積を計算せよ。 (致 p.75 練習 11)

(1) $\begin{pmatrix} 1 & 2 & 1 \\ 1 & 1 & 3 \\ 2 & 1 & 0 \end{pmatrix}\begin{pmatrix} 1 & 1 & 2 \\ 1 & 3 & 1 \\ 1 & 0 & 1 \end{pmatrix}$　　(2) $\begin{pmatrix} 1 & 2 & 1 \\ 2 & -1 & 3 \\ 3 & 0 & 2 \end{pmatrix}\begin{pmatrix} 1 & 1 & -1 \\ 3 & 2 & 1 \\ 1 & -1 & 2 \end{pmatrix}$

* **67** 次の行列の積を計算せよ。 (敎 p.76 練習 12)

(1) $(2 \ 1 \ 3)\begin{pmatrix} 4 \\ 5 \\ 2 \end{pmatrix}$　(2) $(2 \ 7)\begin{pmatrix} 3 & 4 \\ 1 & 2 \end{pmatrix}$　(3) $\begin{pmatrix} 3 & 1 & 4 \\ 2 & 5 & 3 \\ 3 & 2 & 2 \end{pmatrix}\begin{pmatrix} 2 \\ 1 \\ -3 \end{pmatrix}$

(4) $\begin{pmatrix} 4 \\ 5 \\ 2 \end{pmatrix}(2 \ 1 \ 3)$　(5) $\begin{pmatrix} 3 & 1 & 4 \\ 2 & 5 & 3 \end{pmatrix}\begin{pmatrix} 2 & 0 \\ 1 & 2 \\ -3 & 4 \end{pmatrix}$

68 $A = \begin{pmatrix} a & b & c \\ d & e & f \\ g & h & i \end{pmatrix}$, $E = \begin{pmatrix} 1 & 0 & 0 \\ 0 & 1 & 0 \\ 0 & 0 & 1 \end{pmatrix}$ について次の行列の積を計算せよ。

(敎 p.77 練習 14)

(1) AE　(2) EA　(3) EE

69 次の行列 A について，A^2, A^3, A^4 を求めよ。 (敎 p.78 練習 16)

(1) $A = \begin{pmatrix} -1 & -1 \\ 1 & 0 \end{pmatrix}$　*(2) $A = \begin{pmatrix} 2 & -7 \\ 1 & -3 \end{pmatrix}$　(3) $A = \begin{pmatrix} 1 & 2 \\ -1 & -1 \end{pmatrix}$

(4) $A = \begin{pmatrix} 1 & 1 \\ 0 & 1 \end{pmatrix}$　(5) $A = \begin{pmatrix} 1 & 1 & 0 \\ 0 & 1 & 1 \\ 0 & 0 & 1 \end{pmatrix}$

70 $A = \begin{pmatrix} 1 & 2 \\ 0 & 3 \end{pmatrix}$ のとき，$A^n = \begin{pmatrix} 1 & 3^n - 1 \\ 0 & 3^n \end{pmatrix}$ であることを数学的帰納法で証明せよ。ただし，n は正の整数とする。 (敎 p.79 練習 17)

71 $A = \begin{pmatrix} a & b \\ c & 0 \end{pmatrix}$ について $A^2 = O$ となる条件を求めよ。 (敎 p.79 練習 18)

* **72** 次の行列を A とする。A の逆行列 A^{-1} が存在すればそれを求めよ。

(敎 p.82 練習 19)

(1) $\begin{pmatrix} 2 & 5 \\ 1 & 3 \end{pmatrix}$　(2) $\begin{pmatrix} 7 & 9 \\ 4 & 5 \end{pmatrix}$　(3) $\begin{pmatrix} 1 & 2 \\ 4 & 8 \end{pmatrix}$

* **73** 行列 $A = \begin{pmatrix} 4 & 7 \\ 1 & 2 \end{pmatrix}$, $B = \begin{pmatrix} 3 & 2 \\ 4 & 3 \end{pmatrix}$ について，次の計算をせよ。

(敎 p.83 練習 21)

(1) $(AB)^{-1}$　(2) $A^{-1}B^{-1}$　(3) $B^{-1}A^{-1}$

* **74** 次の等式を満たす行列 X を求めよ。 （教 p.83 練習22）

(1) $\begin{pmatrix} 2 & 3 \\ 3 & 5 \end{pmatrix} X = \begin{pmatrix} 1 & 2 \\ 3 & 4 \end{pmatrix}$ (2) $X \begin{pmatrix} 3 & -2 \\ 7 & -5 \end{pmatrix} = \begin{pmatrix} 2 & 0 \\ -1 & 1 \end{pmatrix}$

75 $A = \begin{pmatrix} 1 & 1 \\ 0 & 2 \end{pmatrix}$, $P = \begin{pmatrix} 1 & 2 \\ 0 & 2 \end{pmatrix}$, $B = \begin{pmatrix} 1 & 0 \\ 0 & 2 \end{pmatrix}$ について, $B^n = \begin{pmatrix} 1 & 0 \\ 0 & 2^n \end{pmatrix}$ と

$P^{-1}AP = B$ を利用して A^n を求めよ。 （教 p.84 練習23）

* **76** 次の行列について, 転置行列を求めよ。 （教 p.85 練習24）

(1) $\begin{pmatrix} 2 & 3 \\ 4 & 6 \end{pmatrix}$ (2) $\begin{pmatrix} 8 & 4 & 2 \\ 1 & 3 & 5 \end{pmatrix}$

(3) $\begin{pmatrix} 1 & 2 & 4 \\ 3 & 5 & 7 \\ 9 & 8 & 6 \end{pmatrix}$

* **77** 行列 $A = \begin{pmatrix} 2 & 1 \\ 4 & 2 \end{pmatrix}$, $B = \begin{pmatrix} 2 & 3 \\ -1 & -2 \end{pmatrix}$ について, 次の計算をせよ。

（教 p.86 練習25）

(1) ${}^t(AB)$ (2) ${}^tA\,{}^tB$ (3) ${}^tB\,{}^tA$

◇◆◇◆◇◆◇◆◇◆◇◆◇◆◇◆◇◆◇◆◇◆◇◆◇◆ **B** ◇◆◇◆◇◆◇◆◇◆◇◆◇◆◇◆◇◆◇◆◇◆◇◆◇◆

* **78** $A = \begin{pmatrix} 1 & 2 & 3 \\ 2 & 1 & 2 \\ 1 & 1 & 4 \end{pmatrix}$, $B = \begin{pmatrix} 0 & 1 & 2 \\ -1 & 0 & 3 \\ -2 & -3 & 0 \end{pmatrix}$, $C = \begin{pmatrix} 1 & 1 & 0 \\ 1 & 2 & -2 \\ 0 & -2 & 3 \end{pmatrix}$ について,

次の計算をせよ。

(1) $2A - 3B + 4C$ (2) $BC - CB$ (3) ${}^tA(B + C)$

* **79** $A = \begin{pmatrix} 2 & 1 \\ 3 & 4 \end{pmatrix}$, $B = \begin{pmatrix} 1 & -3 \\ 3 & 2 \end{pmatrix}$ について, 次の計算をせよ。

(1) $(A + B)(A - B)$ (2) $A^2 - B^2$ (3) $A^2 + 2AB + B^2$

80 a, r は実数で, $a + r = 1$ とする。行列 $A = \begin{pmatrix} 1 & a \\ 0 & r \end{pmatrix}$ について, 次の問

いに答えよ。ただし, n は正の整数である。

(1) $A^n = \begin{pmatrix} 1 & 1 - r^n \\ 0 & r^n \end{pmatrix}$ であることを数学的帰納法で証明せよ。

(2) $A^2 = E$ かつ $A \ne E$ を満たす A を求めよ。

(3) $A^4 = E$ かつ $A, A^2, A^3 \ne E$ を満たす A は存在しないことを示せ。

* **81** 次の行列が正則とならないような実数 k を求めよ。

(1) $\begin{pmatrix} k+1 & 5 \\ 7 & k-1 \end{pmatrix}$ (2) $\begin{pmatrix} k^2+1 & 4 \\ 25 & 2 \end{pmatrix}$

(3) $\begin{pmatrix} k^2 & 2k \\ 6 & k+1 \end{pmatrix}$

82 正方行列 A が $A^2 = O$ を満たすとき，$E+A$ は正則であることを示せ。

83 S, S_1, S_2 を対称行列，A, A_1, A_2 を交代行列とする。このとき次の(1)，(2)が成り立つことを示せ。

(1) $S = A$ ならば $S = A = O$ である。

(2) 行列 X について，$X = S_1 + A_1$, $X = S_2 + A_2$ ならば，$S_1 = S_2$, $A_1 = A_2$ である。

84 S, A, P をそれぞれ対称行列，交代行列，直交行列とする。このとき次の(1)〜(3)が成り立つことを示せ。

(1) ASA は対称行列である。 (2) $P^{-1}AP$ は交代行列である。

(3) P が対称行列であるための必要十分条件は $P^2 = E$ である。

85 任意の実数 θ, φ について，次の A が直交行列であることを示せ。

$$A = \begin{pmatrix} \cos\theta & -\sin\theta\cos\varphi & \sin\theta\sin\varphi \\ \sin\theta & \cos\theta\cos\varphi & -\cos\theta\sin\varphi \\ 0 & \sin\varphi & \cos\varphi \end{pmatrix}$$

86 $A = \begin{pmatrix} a & b \\ c & d \end{pmatrix}$ が直交行列ならば，$B = \begin{pmatrix} b & a \\ d & c \end{pmatrix}$ も直交行列であることを示せ。

═══════════ ◆ 発展問題 ◆ ═══════════

87 $A = \begin{pmatrix} a & b \\ c & d \end{pmatrix}$ を直交行列とし，$ad - bc = 1$ とする。次の問いに答えよ。

(1) A を文字 a だけを用いて表せ。

(2) $a = \cos\theta$ とおき，A を文字 θ だけを用いて表せ。

(3) $A^2 = E$ を満たす θ $(0 \leqq \theta < 2\pi)$ を求めよ。

2 | 連立1次方程式と行列

◆◆◆要点◆◆◆

▶行（列）の基本変形

① ある行（列）にある数 k を掛けたものを別の行（列）に加える。

② ある行（列）に 0 でない数 k を掛ける。

③ ある行（列）と別の行（列）を入れ換える。

▶掃き出し法 —— 連立1次方程式を行列で表して $Ax = b$ とするとき

① 拡大係数行列 $(A \mid b)$ を考える。

② 係数行列の部分（縦棒の左側）にできるだけ多くの零ベクトルの行と，できるだけ大きな単位行列ができるように行の基本変形を繰り返す。

③ 最終的に縦棒の右側に現れる値が解となる。

掃き出し法において，列の基本変形はしない

▶掃き出し法による逆行列の求め方 —— A を正方行列とするとき

① A の右側に単位行列を付加した行列 $(A \mid E)$ を考える。

② $(A \mid E)$ に行の基本変形を繰り返し，縦棒の左側を E にする。

③ 最終形の右側が A^{-1} である。

この方法で逆行列を求める場合，列の基本変形はしない

▶階数 —— $m \times n$ 行列 A は，行と列の基本変形により

$$\begin{pmatrix} E_r & * \\ O & O \end{pmatrix}$$

の形に変形できる。ただし，E_r は r 次単位行列，$*$ の部分は $r \times (n-r)$ 行列である。このとき，r を A の階数といい，$\operatorname{rank} A$ で表す。

A

* 88 掃き出し法により，次の連立1次方程式を解け。 (國 p.94 練習1)

(1) $\begin{cases} x + 2y - 2z = 7 \\ x - y + 3z = -4 \\ 2x + 3y + 2z = 6 \end{cases}$ (2) $\begin{cases} 2x + 3y - z = -2 \\ 3x - 2y - z = -8 \\ x + 4y + 3z = 12 \end{cases}$

89 掃き出し法により，次の連立1次方程式を解け。 (國 p.94 練習2)

(1) $\begin{cases} 2x + 9y = 1 \\ 4x - 3y = 16 \end{cases}$ (2) $\begin{cases} x + y - z + 2w = 0 \\ -x + y + 3z + w = 1 \\ 2x - y + 2z + 3w = 2 \\ x + 2y + 2z + 3w = 3 \end{cases}$

∗ **90** 掃き出し法により，次の連立 1 次方程式の解について調べよ。（國 p.96 練習 3）

(1)
$$\begin{cases} x + 3y - 4z = -3 \\ 3x - 2y - z = 2 \\ 2x - 5y + 3z = 5 \end{cases}$$
(2)
$$\begin{cases} x + y - 3z = 1 \\ 3x - y - z = 3 \\ 5x - 3y + z = 5 \end{cases}$$

(3)
$$\begin{cases} 2x - 5y + 3z = 1 \\ x + 3y - 4z = 2 \\ 3x - 2y - z = 1 \end{cases}$$
(4)
$$\begin{cases} 5x - 3y + z = 5 \\ 3x - y - z = 6 \\ x + y - 3z = 1 \end{cases}$$

∗ **91** 行の基本変形により，次の行列の逆行列を求めよ。（國 p.98 練習 4）

(1) $\begin{pmatrix} 5 & 3 \\ 8 & 5 \end{pmatrix}$
(2) $\begin{pmatrix} 4 & 3 \\ 7 & 5 \end{pmatrix}$
(3) $\begin{pmatrix} 2 & 3 \\ 4 & 5 \end{pmatrix}$

(4) $\begin{pmatrix} 3 & -2 \\ 1 & 1 \end{pmatrix}$
(5) $\begin{pmatrix} 2 & 3 \\ 4 & 6 \end{pmatrix}$

∗ **92** 次の行列の逆行列を求めよ。（國 p.98 練習 5）

(1) $\begin{pmatrix} 1 & 3 & 0 \\ 0 & 3 & 1 \\ 0 & 2 & 1 \end{pmatrix}$
(2) $\begin{pmatrix} 1 & 2 & 2 \\ 2 & 3 & 5 \\ 0 & 2 & -1 \end{pmatrix}$
(3) $\begin{pmatrix} 2 & 5 & -10 \\ 2 & 3 & -1 \\ 1 & 1 & 2 \end{pmatrix}$

93 次の行列の逆行列を求めよ。（國 p.98 練習 6）

(1) $\begin{pmatrix} 1 & 1 & 1 & 2 \\ 0 & 1 & 1 & 3 \\ 1 & 0 & 2 & -2 \\ 1 & 1 & 2 & 1 \end{pmatrix}$
(2) $\begin{pmatrix} 1 & 1 & 1 & 1 \\ 0 & 1 & 2 & 1 \\ 1 & 2 & 1 & -1 \\ 0 & 2 & 3 & 0 \end{pmatrix}$

∗ **94** 次の行列について，階数を求めよ。（國 p.99 練習 7）

(1) $\begin{pmatrix} 2 & 4 \\ 3 & 6 \end{pmatrix}$
(2) $\begin{pmatrix} 1 & 2 & 3 \\ 2 & 4 & 5 \\ 3 & 1 & 3 \end{pmatrix}$
(3) $\begin{pmatrix} 3 & 4 & 5 & 7 \\ 2 & 3 & 4 & 5 \\ 3 & 3 & 3 & 6 \end{pmatrix}$

(4) $\begin{pmatrix} 5 & 4 & 2 & 3 \\ 1 & 2 & 4 & 3 \\ 4 & 5 & 7 & 6 \end{pmatrix}$
(5) $\begin{pmatrix} 3 & 5 & 6 & 1 \\ 2 & 4 & 2 & -1 \\ 1 & 3 & -2 & -3 \end{pmatrix}$

95 次の連立方程式について，係数行列 A，拡大係数行列 A' の階数 $\operatorname{rank} A$，$\operatorname{rank} A'$ を求め，連立方程式が解をもつかどうか判定せよ。（國 p.100 練習 8）

(1)
$$\begin{cases} x + y + 3z = 2 \\ 2x + 3y + 8z = 5 \\ 3x + 4y + 11z = 8 \end{cases}$$
(2)
$$\begin{cases} x + 3y + 2z = 3 \\ 2x + 7y + 6z = 7 \\ 3x + 10y + 8z = 10 \end{cases}$$

$$(3) \quad \begin{cases} 5x + 4y + 2z = 3 \\ x + 2y + 4z = 3 \\ 4x + 5y + 7z = 6 \end{cases} \qquad (4) \quad \begin{cases} 3x + 5y + 6z = 1 \\ 2x + 4y + 2z = -1 \\ x + 3y - 2z = -3 \end{cases}$$

◇◆◇◆◇◆◇◆◇◆◇◆◇◆◇◆◇◆◇◆◇◆◇ **B** ◇◆◇◆◇◆◇◆◇◆◇◆◇◆◇◆◇◆◇◆◇◆◇◆◇

* **96** 掃き出し法により，次の連立 1 次方程式を解け。

$$(1) \quad \begin{cases} 2x + y + z = 3 \\ 3x + 2y + 2z = 2 \\ 3x - y + 4z = 7 \end{cases} \qquad (2) \quad \begin{cases} -x + 2y + 3z = 3 \\ 2x - 3y + 6z = 1 \\ 5x - 2y + 7z = 4 \end{cases}$$

97 掃き出し法により，次の連立 1 次方程式を解け。

$$(1) \quad \begin{cases} x + y + 2z + 3w = 0 \\ x + 2y + 3z - w = 7 \\ 2x - 2y + z - 2w = -3 \\ 3x - 2y + 4z + 3w = -6 \end{cases} \qquad (2) \quad \begin{cases} 2x + 2z + 3w = 8 \\ 3x + 2y - 2w = 3 \\ 3x - y + 4z = 2 \\ 4x + 5y - 2z - 3w = 5 \end{cases}$$

* **98** 掃き出し法により，次の連立 1 次方程式を解け。

$$(1) \quad \begin{cases} 3x + y - 4z = 5 \\ 2x + y - 3z = 4 \\ x - z = 1 \end{cases} \qquad (2) \quad \begin{cases} x + 2y - 3z = 3 \\ x + 3y - 5z = 4 \\ x + 4y - 7z = 5 \end{cases}$$

99 掃き出し法により，次の連立 1 次方程式を解け。

$$(1) \quad \begin{cases} x - 2z + w = 1 \\ 2x + y - 3z - w = 4 \\ 2x - y - 5z + 5w = 0 \\ 3x + 2y - 4z - 3w = 7 \end{cases} \qquad (2) \quad \begin{cases} x - y + 2w = 1 \\ x + y - z + 5w = 2 \\ 2x + 4y - 3z + 13w = 5 \\ -3x + 11y - 4z + 6w = 1 \end{cases}$$

* **100** 次の行列について，逆行列を求めよ。

$$(1) \quad \begin{pmatrix} 1 & 1 & -1 \\ 1 & 1 & 0 \\ 0 & 1 & 1 \end{pmatrix} \qquad (2) \quad \begin{pmatrix} 1 & 1 & 1 \\ 2 & 3 & 1 \\ 0 & 2 & -1 \end{pmatrix}$$

$$(3) \quad \begin{pmatrix} 1 & 1 & 0 \\ 1 & 0 & 1 \\ 0 & 1 & 1 \end{pmatrix} \qquad (4) \quad \begin{pmatrix} 1 & -2 & 2 \\ 2 & 1 & -3 \\ -4 & 3 & 1 \end{pmatrix}$$

＊101 次の行列について，階数を求めよ。

(1) $\begin{pmatrix} 1 & 1 & 3 & 3 \\ 2 & 1 & 6 & 6 \\ 3 & 1 & 8 & 7 \end{pmatrix}$
(2) $\begin{pmatrix} 3 & 3 & 1 & 2 \\ 5 & 6 & 4 & 3 \\ 2 & 3 & 3 & 1 \end{pmatrix}$

102 次の行列について，階数を求めよ。

(1) $\begin{pmatrix} 1 & 2 & 1 & 3 \\ 4 & 7 & -1 & 9 \\ 3 & 5 & 6 & 8 \\ 3 & 4 & -5 & 5 \end{pmatrix}$
(2) $\begin{pmatrix} 2 & 3 & 5 & 5 \\ 3 & 4 & 6 & 7 \\ 4 & 5 & 7 & 9 \\ 5 & 3 & -1 & 8 \end{pmatrix}$

103 **88**(1)，(2)の連立方程式は行列を用いて表すと，それぞれ次のようになる。係数行列の逆行列を求め，それを利用することによって連立方程式の解を求めよ。

(1) $\begin{pmatrix} 1 & 2 & -2 \\ 1 & -2 & 3 \\ 2 & 3 & 2 \end{pmatrix} \begin{pmatrix} x \\ y \\ z \end{pmatrix} = \begin{pmatrix} 7 \\ -4 \\ 6 \end{pmatrix}$

(2) $\begin{pmatrix} 2 & 3 & -1 \\ 3 & -2 & -1 \\ 1 & 4 & 3 \end{pmatrix} \begin{pmatrix} x \\ y \\ z \end{pmatrix} = \begin{pmatrix} -2 \\ -8 \\ 12 \end{pmatrix}$

＊104 次の等式を満たす行列 X を求めよ。

(1) $\begin{pmatrix} 3 & 8 & -13 \\ -2 & -5 & 9 \\ -1 & -3 & 5 \end{pmatrix} X = \begin{pmatrix} 1 & 2 & 1 \\ 2 & 1 & 0 \\ 1 & 0 & 1 \end{pmatrix}$

(2) $X \begin{pmatrix} -22 & 4 & 15 \\ 6 & -1 & -4 \\ 9 & -2 & -6 \end{pmatrix} = \begin{pmatrix} 0 & -3 & 2 \\ 3 & 0 & -1 \\ -2 & 1 & 0 \end{pmatrix}$

(3) $\begin{pmatrix} 0 & -1 & 1 \\ -1 & 1 & 0 \\ 1 & 1 & -1 \end{pmatrix} X = \begin{pmatrix} 1 & 1 & 0 \\ 2 & 0 & -1 \\ 1 & 2 & 1 \end{pmatrix}$

105 ベクトル $\vec{v} = \begin{pmatrix} x \\ y \\ z \end{pmatrix}$ が，連立方程式 $\begin{cases} x + 2y - z = 3 \\ 2x - y + 8z = 1 \\ 3x + 4y + z = 7 \end{cases}$ を満たすとき，

$\vec{v} = \begin{pmatrix} 1 \\ 1 \\ 0 \end{pmatrix} + t \begin{pmatrix} -3 \\ 2 \\ 1 \end{pmatrix}$ （t は実数）と表されることを示せ。

═══════════════ ◀ 発展問題 ▶ ═══════════════

106 単位行列 E から，次のように，行列 $P(i,\ j,\ c)$，$Q(i,\ c)$，$R(i,\ j)$ を定める。

$P(i,\ j,\ c)$……E の $(i,\ j)$ 成分 $(i \neq j)$ の 0 を c に置き換えたもの
$Q(i,\ c)$　……E の $(i,\ i)$ 成分の 1 を c に置き換えたもの $(c \neq 0)$
$R(i,\ j)$　……E の第 i 行と第 j 行を入れ換えたもの

なお，とくに明示する必要のないときは，$i,\ j,\ c$ を省略し，単に P，Q，R で表す。

E，A を 3 次正方行列とするとき，次の問いに答えよ。

⑴ A に左から P，Q，R を掛けると，行の基本変形になることを $P(1,\ 3,\ c)$，$Q(1,\ c)$，$R(1,\ 2)$ の場合に確かめよ。

⑵ A に右から P，Q，R を掛けると，列の基本変形になることを $P(1,\ 2,\ c)$，$Q(2,\ c)$，$R(1,\ 3)$ の場合に確かめよ。

⑶ P，Q，R が正則であることを，$P(2,\ 1,\ c)$，$Q(1,\ c)$，$R(2,\ 3)$ の場合に，逆行列を具体的に求めることで確かめよ。

⑷ $\mathrm{rank}\,A = 3$ ならば，左右から適当に P，Q，R を掛けて，A を E に変形できる。このとき，左および右から掛けたものをまとめて X および Y とおくと，$A^{-1} = YX$ であることを示せ。

2 章 の問題

* **1** 行列 $A = \begin{pmatrix} 1 & 3 \\ 2 & 3 \end{pmatrix}$ に対して，次の各問いの $\boxed{}$ にあてはまる数を答えよ。ただし，E は 2 次の単位行列とする。

(1) 行列 $A - 2E$ の $(1,\ 2)$ 成分は $\boxed{}$ である。

(2) $A^2 = \begin{pmatrix} * & * \\ \boxed{} & * \end{pmatrix}$

(3) A の逆行列 A^{-1} は $\begin{pmatrix} * & \boxed{} \\ * & * \end{pmatrix}$ である。

* **2** 正則な行列 $A = \begin{pmatrix} 1 & 2 & -1 \\ * & * & * \\ * & * & * \end{pmatrix}$ の逆行列が $A^{-1} = \begin{pmatrix} \boxed{} & * & * \\ -3 & * & * \\ 2 & * & * \end{pmatrix}$ であるとき，$\boxed{}$ にあてはまる数を答えよ。

* **3** $A,\ B,\ X$ を n 次の正方行列とする。行列の性質を述べた次の①〜⑦のうち，正しいものを 2 つ選べ。ただし，$n \leqq 2$ とする。

① $A^{-1},\ B^{-1}$ が存在するとき，$(A + B)^{-1} = A^{-1} + B^{-1}$ は常に成り立つ。

② $A^3 - E = (A - E)(A^2 + A + E)$ は常に成り立つ。

③ $(A + B)(A - B) = A^2 - B^2$ は常に成り立つ。

④ ${}^t(AB) = {}^tA\,{}^tB$ は常に成り立つ。

⑤ $(X - A)(X - B) = O$ ならば，$X = A$ または $X = B$ は常に成り立つ。

⑥ $AC = BC$ ならば，$A = B$ は常に成り立つ。

⑦ $A^2 = E$ ならば，$A = A^{-1}$ は常に成り立つ。

4 次の行列 A について，$A^n\ (n = 1,\ 2,\ 3,\ \cdots)$ を求めよ。

(1) $A = \begin{pmatrix} 0 & 1 \\ 1 & 0 \end{pmatrix}$
(2) $A = \begin{pmatrix} a & 1 \\ 0 & a \end{pmatrix}$

5 次の行列の階数を求めよ。ただし，a は正の定数である。

(1) $\begin{pmatrix} a & 1 \\ 1 & a \end{pmatrix}$
(2) $\begin{pmatrix} a & 1 & 1 \\ 1 & a & 1 \\ 1 & 1 & a \end{pmatrix}$

6 次の行列の階数を求めよ。

(1) $\begin{pmatrix} x & x+1 & x^2 \\ 1 & x^2+1 & 1 \\ x & x^2+x & x^2 \end{pmatrix}$
 (2) $\begin{pmatrix} a & b & b & b \\ b & a & b & b \\ b & b & a & b \\ b & b & b & a \end{pmatrix}$

7 次の連立方程式が解をもつための a の条件を求め，その条件のもとで解を求めよ。

$$\begin{cases} x+y-2z+u=2 \\ -x-2y+3z-u=3 \\ 2x+y-3z+2u=a \end{cases}$$

8 定数 a に対し，連立方程式

$$\begin{cases} x+z=1 \\ x+y+az=a+1 \\ x+(1+a)z=1 \\ x-ay+z=a+1 \end{cases}$$

が解をもつ a と，そのときの解を求めよ。

9 $A = \begin{pmatrix} a & b & 0 \\ c & d & 0 \\ 0 & 0 & e \end{pmatrix}$ が正則となる条件を求め，そのとき，A^{-1} を求めよ。

10 D を対角行列，S を対角成分がすべて 0 の対称行列，A を交代行列とする。行列 $X = D+S+A$ について，次の問いに答えよ。

(1) 対称行列 S'，交代行列 A' により，$X^2 = S'+A'$ と表されるとき，A' を D, S, A を用いて表せ。

(2) 2 次正方行列 $X = \begin{pmatrix} a & b \\ c & d \end{pmatrix}$ の場合について，D, S, A を a, b, c, d を用いて表せ。

11 3 次正方行列 A が

$$A\begin{pmatrix} 2 \\ 1 \\ 1 \end{pmatrix} = \begin{pmatrix} 2 \\ 1 \\ 1 \end{pmatrix}, \quad A\begin{pmatrix} 1 \\ -1 \\ 1 \end{pmatrix} = \begin{pmatrix} 2 \\ -2 \\ 2 \end{pmatrix}, \quad A\begin{pmatrix} 1 \\ 0 \\ 1 \end{pmatrix} = \begin{pmatrix} -1 \\ 0 \\ -1 \end{pmatrix}$$

を満たすとき，A を求めよ。

1 行列式の定義と性質

◆◆◆要点◆◆◆

▶**行列式の定義**

n 次正方行列 $A = \begin{pmatrix} a_{11} & a_{12} & \cdots & a_{1n} \\ a_{21} & a_{22} & \cdots & a_{2n} \\ \vdots & \vdots & \ddots & \vdots \\ a_{n1} & a_{n2} & \cdots & a_{nn} \end{pmatrix}$ について A の成分からなる多項

式で次の条件 [1]〜[4] を満たすものを A の行列式といい $|A|$ で表す。

[1]　1 つの行の各成分が 2 数の和として表されているとき，行列式はその行以外の行が A と同じであるような 2 つの行列式の和で表される。

[2]　1 つの行（列）のすべての成分に共通な因数は，行列式の因数としてくくり出すことができる。

[3]　2 つの行（列）を入れ換えると，行列式の符号が変化する。

[4]　単位行列の行列式の値は 1 である。

とくに 2 次の行列式の場合は　$|A| = a_{11}a_{22} - a_{12}a_{21}$

▶**行列式の性質**

正方行列 A について次の [I]〜[IV] が成り立つ。

[I]　$|A| = |{}^t A|$

[II]　(1)　2 つの行（列）が等しい行列式の値は恒等的に 0 となる。

　　　　(2)　1 つの行（列）にある数を掛けたものを他の行（列）に加えても行列式の値は変わらない。

[III]　対角成分より上（または下）の成分がすべて 0 であるような行列式の値は，対角成分すべての積になる。

[IV]　第 1 列において 2 行目から下の成分がすべて 0 の行列式の値は $|A|$ の第 1 行と第 1 列を除いた行列式の値と a_{11} との積になる。

▶**行列式の余因子展開** ―― n 次正方行列 A から第 i 行と第 j 列を取り除いた行列の行列式を A の (i, j) 小行列式といい D_{ij} で表し，$(-1)^{i+j}D_{ij}$ を A の (i, j) 余因子といい $\tilde{a}_{ij}$ で表す。このとき

第 i 行に関する余因子展開　$|A| = \sum_{k=1}^{n}(-1)^{i+k}a_{ik}D_{ik} = \sum_{k=1}^{n}a_{ik}\tilde{a}_{ik}$

第 j 列に関する余因子展開　$|A| = \sum_{k=1}^{n}(-1)^{k+j}a_{kj}D_{kj} = \sum_{k=1}^{n}a_{kj}\tilde{a}_{kj}$

▶**行列の積の行列式**

A, B を n 次の正方行列とするとき，$|AB| = |A||B|$

A

107 次の行列について行列式の値を計算し，正則であるかを判定せよ。また，
正則な場合は逆行列を求めよ。 (教 p.104 練習1)

(1) $\begin{pmatrix} 2 & -1 \\ 1 & 3 \end{pmatrix}$ (2) $\begin{pmatrix} 0 & 1 \\ 1 & -1 \end{pmatrix}$ (3) $\begin{pmatrix} 3 & -6 \\ -8 & 1 \end{pmatrix}$ (4) $\begin{pmatrix} 1 & -1 \\ 2 & 9 \end{pmatrix}$

108 次の行列式の値を求めよ。 (教 p.108 練習2)

(1) $\begin{vmatrix} 0 & 2 & 0 \\ 1 & 0 & 0 \\ 0 & 0 & 4 \end{vmatrix}$ (2) $\begin{vmatrix} 0 & 0 & -3 \\ 0 & 1 & 0 \\ 1 & 0 & 0 \end{vmatrix}$

(3) $\begin{vmatrix} 0 & c & 0 \\ 0 & 0 & a \\ b & 0 & 0 \end{vmatrix}$

*109 次の行列式の値を求めよ。 (教 p.111 練習3, p.113 練習4)

(1) $\begin{vmatrix} 1 & 2 & -2 \\ 1 & 1 & 1 \\ 1 & -2 & 4 \end{vmatrix}$ (2) $\begin{vmatrix} 0 & -2 & -3 \\ 3 & 1 & 1 \\ 1 & 2 & 3 \end{vmatrix}$

(3) $\begin{vmatrix} 0 & c & b \\ c & 0 & a \\ b & a & 0 \end{vmatrix}$

110 次の行列式の値を求めよ。 (教 p.111 練習3, p.113 練習4)

(1) $\begin{vmatrix} -1 & 2 & 1 & -2 \\ 0 & 2 & 1 & 1 \\ 0 & -1 & -1 & 1 \\ 0 & -2 & -1 & 4 \end{vmatrix}$ (2) $\begin{vmatrix} -3 & 2 & -1 & 5 \\ 0 & 8 & 6 & -2 \\ 0 & 0 & -1 & 2 \\ 0 & 0 & 0 & 2 \end{vmatrix}$

*111 基本変形を使って，次の行列式の値を求めよ。 (教 p.113 練習4)

(1) $\begin{vmatrix} 1 & 2 & 3 \\ -2 & 6 & 3 \\ 2 & 4 & 8 \end{vmatrix}$ (2) $\begin{vmatrix} -1 & 2 & 1 & -2 \\ 2 & -1 & -3 & 2 \\ 1 & -6 & -1 & 0 \\ 1 & -2 & -1 & 4 \end{vmatrix}$

(3) $\begin{vmatrix} -3 & 2 & 1 & -2 \\ 2 & 0 & 3 & -2 \\ 4 & 2 & -1 & 2 \\ 5 & -2 & 6 & 3 \end{vmatrix}$

112 $\begin{pmatrix} 2 & 2 & -3 \\ -2 & -3 & -4 \\ 2 & 2 & -4 \end{pmatrix}$ について D_{11}, $\tilde{a}_{11}$, D_{12}, $\tilde{a}_{12}$, D_{13}, $\tilde{a}_{13}$ を求めよ。

(💬 p.114 練習5)

*113 次の行列式の値を（　　）の行または列に関する余因子展開によって求めよ。

(💬 p.118 練習6)

(1) $\begin{vmatrix} 2 & 2 & -3 \\ -2 & -3 & -4 \\ 2 & 2 & -4 \end{vmatrix}$ （第3行）　　(2) $\begin{vmatrix} 2 & 7 & -5 & 3 \\ 0 & 4 & 2 & 3 \\ 3 & 0 & -1 & 0 \\ 8 & -4 & 5 & 2 \end{vmatrix}$ （第3列）

114 前問(1)の行列式の値をサラスの方法で求めよ。

(💬 p.119 練習7)

*115 次の行列式を因数分解せよ。

(💬 p.121 練習8)

(1) $\begin{vmatrix} a & 1 & a \\ 1 & a & a \\ 1 & 1 & a \end{vmatrix}$　　(2) $\begin{vmatrix} 0 & a & b \\ b & 0 & a \\ a & b & 0 \end{vmatrix}$

(3) $\begin{vmatrix} a & b & c \\ a^2 & b^2 & c^2 \\ b+c & c+a & a+b \end{vmatrix}$

116 次の方程式を解け。

(💬 p.121 練習9)

(1) $\begin{vmatrix} x & x \\ 1 & x \end{vmatrix} = 0$　　(2) $\begin{vmatrix} 1 & 0 & x \\ 0 & -2 & -2 \\ x & -2 & 0 \end{vmatrix} = 0$

(3) $\begin{vmatrix} 3+2x & 1 & 2 \\ x & 4+x & 2 \\ x & 1 & 5+x \end{vmatrix} = 0$

117 任意の整数 n に対して、次の(1), (2)が成り立つことを証明せよ。

(💬 p.123 練習10-11)

(1) A を正則行列とするとき、$|A^n| = |A|^n$

(2) A, P を正則行列とするとき、$|P^{-1}A^nP| = |A|^n$

◇◆◇◆◇◆◇◆◇◆◇◆◇◆◇◆◇◆◇◆◇◆◇◆◇ **B** ◇◆◇◆◇◆◇◆◇◆◇◆◇◆◇◆◇◆◇◆◇◆◇◆◇

118 次の行列式の値を求めよ。

*(1)
$$\begin{vmatrix} 3 & 1 & -3 & -2 \\ 2 & -3 & 5 & 8 \\ -3 & -3 & 4 & 3 \\ 1 & 3 & -4 & 2 \end{vmatrix}$$

(2)
$$\begin{vmatrix} 3 & -1 & -4 & 1 \\ 6 & -2 & -5 & 9 \\ 1 & 0 & 2 & 9 \\ 0 & 8 & 1 & 6 \end{vmatrix}$$

*(3)
$$\begin{vmatrix} 1 & 1 & 1 & 1 & 1 \\ 1 & 2 & 2 & 2 & 2 \\ 1 & 2 & 3 & 3 & 3 \\ 1 & 2 & 3 & 4 & 4 \\ 1 & 2 & 3 & 4 & 5 \end{vmatrix}$$

(4)
$$\begin{vmatrix} -4 & -2 & 3 & 2 & 0 \\ -6 & -6 & 3 & 1 & 3 \\ 1 & 2 & 2 & 3 & 0 \\ 5 & 4 & -4 & -2 & 1 \\ 3 & 1 & -4 & -2 & 0 \end{vmatrix}$$

例題 6

行列式 $\begin{vmatrix} 1 & 0 & a^2 & b^2 \\ 1 & a^2 & 0 & c^2 \\ 1 & b^2 & c^2 & 0 \\ 0 & 1 & 1 & 1 \end{vmatrix}$ を因数分解せよ。

考え方 因数分解は基本変形を用いて，0を多くつくる。また，行または列に共通因数をつくり，くくり出す。

解

$$与式 = \begin{vmatrix} 1 & 0 & a^2 & b^2 \\ 0 & a^2 & -a^2 & c^2-b^2 \\ 0 & b^2 & c^2-a^2 & -b^2 \\ 0 & 1 & 1 & 1 \end{vmatrix}$$ ←1行目の -1 倍を2, 3行目に加える

$$= \begin{vmatrix} a^2 & -a^2 & c^2-b^2 \\ b^2 & c^2-a^2 & -b^2 \\ 1 & 1 & 1 \end{vmatrix}$$ ←1列目の -1 倍を2, 3列目に加える

$$= \begin{vmatrix} a^2 & -2a^2 & c^2-b^2-a^2 \\ b^2 & c^2-a^2-b^2 & -2b^2 \\ 1 & 0 & 0 \end{vmatrix}$$

$$= \begin{vmatrix} -2a^2 & c^2-b^2-a^2 \\ c^2-a^2-b^2 & -2b^2 \end{vmatrix}$$

$$= \{(2ab)^2 - (c^2-a^2-b^2)^2\}$$

$$= (2ab+c^2-a^2-b^2)(2ab-c^2+a^2+b^2)$$

$$= \{c^2-(a^2-2ab+b^2)\}\{(a^2+2ab+b^2)-c^2\}$$

$$= \{c^2-(a-b)^2\}\{(a+b)^2-c^2\}$$

$$= (a-b+c)(-a+b+c)(a+b+c)(a+b-c)$$

119 次の行列式を因数分解せよ。

$$*(1)\quad \begin{vmatrix} 1 & 1 & 1 & 1 \\ a & b & c & d \\ a^2 & b^2 & c^2 & d^2 \\ a^3 & b^3 & c^3 & d^3 \end{vmatrix} \qquad *(2)\quad \begin{vmatrix} a & b & b & b \\ b & a & b & b \\ b & b & a & b \\ b & b & b & a \end{vmatrix} \qquad (3)\quad \begin{vmatrix} 0 & a & b & c \\ a & 0 & c & b \\ b & c & 0 & a \\ c & b & a & 0 \end{vmatrix}$$

120 $A = \begin{pmatrix} a_{11} & a_{12} \\ a_{21} & a_{22} \end{pmatrix}$, $B = \begin{pmatrix} b_{11} & b_{12} \\ b_{21} & b_{22} \end{pmatrix}$ のとき，次の等式を証明せよ。

$$(1)\quad \begin{vmatrix} a_{11} & a_{12} & c_{11} & c_{12} \\ a_{21} & a_{22} & c_{21} & c_{22} \\ 0 & 0 & b_{11} & b_{12} \\ 0 & 0 & b_{21} & b_{22} \end{vmatrix} = |A||B|$$

$$(2)\quad \begin{vmatrix} a_{11} & a_{12} & b_{11} & b_{12} \\ a_{21} & a_{22} & b_{21} & b_{22} \\ b_{11} & b_{12} & a_{11} & a_{12} \\ b_{21} & b_{22} & a_{21} & a_{22} \end{vmatrix} = |A+B||A-B|$$

=== 発展問題 ===

121 次の等式を証明せよ。

$$\begin{vmatrix} 1+a^2 & ab & ac & ad \\ ba & 1+b^2 & bc & bd \\ ca & cb & 1+c^2 & cd \\ da & db & dc & 1+d^2 \end{vmatrix} = a^2 + b^2 + c^2 + d^2 + 1$$

122 次の等式を証明せよ。

$$\begin{vmatrix} 1 & 1 & \cdots & 1 \\ x_1 & x_2 & \cdots & x_n \\ x_1{}^2 & x_2{}^2 & \cdots & x_n{}^2 \\ \vdots & \vdots & \ddots & \vdots \\ x_1{}^{n-1} & x_2{}^{n-1} & \cdots & x_n{}^{n-1} \end{vmatrix} = \prod_{1 \le i < j \le n} (x_j - x_i)$$

※左辺の行列式を**ファンデルモンドの行列式**という。右辺は次の $_nC_2$ 個の因数の積である。

$$(x_2 - x_1)(x_3 - x_1)(x_4 - x_1)\cdots(x_n - x_1)$$
$$(x_3 - x_2)(x_4 - x_2)\cdots(x_n - x_2)$$
$$\cdots$$
$$(x_n - x_{n-1})$$

2 | 行列式の応用

◆◆◆要点◆◆◆

▶**正則条件と逆行列** —— n 次正方行列 $A = (a_{ij})$ について

$$\widetilde{A} = {}^t(\widetilde{a}_{ij}) = \begin{pmatrix} \widetilde{a}_{11} & \widetilde{a}_{21} & \cdots & \widetilde{a}_{n1} \\ \widetilde{a}_{12} & \widetilde{a}_{22} & \cdots & \widetilde{a}_{n2} \\ \vdots & \vdots & \ddots & \vdots \\ \widetilde{a}_{1n} & \widetilde{a}_{2n} & \cdots & \widetilde{a}_{nn} \end{pmatrix} \text{ を } A \text{ の余因子行列という。}$$

A が正則 $\iff |A| \neq 0$　このとき，$A^{-1} = \dfrac{1}{|A|}\widetilde{A}$

▶**クラメルの公式** —— n 次正方行列 $A = (a_{ij})$，$\boldsymbol{x} = {}^t(x_1 \ x_2 \ \cdots \ x_n)$，
$\boldsymbol{b} = {}^t(b_1 \ b_2 \ \cdots \ b_n)$ について連立 1 次方程式 $A\boldsymbol{x} = \boldsymbol{b}$ は $|A| \neq 0$ の
とき，ただ 1 つの解をもち，その解は次の式で表される。

$$x_j = \frac{1}{|A|} \begin{vmatrix} a_{11} & \cdots & a_{1j-1} & b_1 & a_{1j+1} & \cdots & a_{1n} \\ \vdots & \cdots & \vdots & \vdots & \vdots & \cdots & \vdots \\ a_{n1} & \cdots & a_{nj-1} & b_n & a_{nj+1} & \cdots & a_{nn} \end{vmatrix} \quad (j = 1, \ \cdots, \ n)$$

また，$A\boldsymbol{x} = \boldsymbol{0}$ が $\boldsymbol{0}$ 以外の解をもつ $\iff |A| = 0$

▶**行列式の図形的意味**

$\begin{pmatrix} a_1 \\ a_2 \end{pmatrix}$, $\begin{pmatrix} b_1 \\ b_2 \end{pmatrix}$ の定める平行四辺形の面積は，$\left| \begin{vmatrix} a_1 & b_1 \\ a_2 & b_2 \end{vmatrix} \right|$

$\begin{pmatrix} a_1 \\ a_2 \\ a_3 \end{pmatrix}$, $\begin{pmatrix} b_1 \\ b_2 \\ b_3 \end{pmatrix}$, $\begin{pmatrix} c_1 \\ c_2 \\ c_3 \end{pmatrix}$ の定める平行六面体の体積は，$\left| \begin{vmatrix} a_1 & b_1 & c_1 \\ a_2 & b_2 & c_2 \\ a_3 & b_3 & c_3 \end{vmatrix} \right|$

（いずれも行列式の絶対値）

▶**1 次独立**

$$\boldsymbol{a}_1 = \begin{pmatrix} a_{11} \\ a_{21} \\ \vdots \\ a_{n1} \end{pmatrix}, \ \boldsymbol{a}_2 = \begin{pmatrix} a_{12} \\ a_{22} \\ \vdots \\ a_{n2} \end{pmatrix}, \ \cdots, \ \boldsymbol{a}_n = \begin{pmatrix} a_{1n} \\ a_{2n} \\ \vdots \\ a_{nn} \end{pmatrix} \text{ が 1 次独立}$$

$\iff |\boldsymbol{a}_1 \ \boldsymbol{a}_2 \ \cdots \ \boldsymbol{a}_n| \neq 0$

A

*123　次の行列の逆行列を求めよ。　　　　　　　　　　　（國 p.130 練習 1）

(1) $\begin{pmatrix} 0 & 2 & 3 \\ 2 & -3 & -3 \\ 4 & 1 & -1 \end{pmatrix}$　　(2) $\begin{pmatrix} 5 & 1 & 7 \\ 1 & -3 & 3 \\ 3 & 1 & 1 \end{pmatrix}$　　(3) $\begin{pmatrix} 1 & -1 & -2 \\ 2 & 3 & 1 \\ 3 & 7 & -1 \end{pmatrix}$

124 次の連立 1 次方程式をクラメルの公式を用いて解け。

(敎 p.132 練習 2, p.134 練習 3)

(1) $\begin{cases} x_1 + 2x_2 = 1 \\ 3x_1 + 4x_2 = 0 \end{cases}$ (2) $\begin{cases} 4x_1 + 8x_2 = 1 \\ 6x_1 - 4x_2 = 3 \end{cases}$

*(3) $\begin{cases} x_1 + 2x_2 + 2x_3 = 1 \\ -3x_1 + 2x_2 + 2x_3 = 2 \\ x_1 + x_2 - 5x_3 = 3 \end{cases}$ (4) $\begin{cases} -x_1 + 3x_2 - 2x_3 = 1 \\ 2x_1 - x_2 + 3x_3 = 1 \\ -3x_1 + 2x_2 - x_3 = 1 \end{cases}$

125 次の連立 1 次方程式が $x_1 = x_2 = x_3 = 0$ 以外の解をもつように定数 k の値を定めよ。また、そのときの解を求めよ。 (敎 p.136 練習 5)

*(1) $\begin{cases} 3x_1 + x_2 + kx_3 = 0 \\ x_1 + 2x_2 + x_3 = 0 \\ x_1 + x_2 - 2x_3 = 0 \end{cases}$ (2) $\begin{cases} x_1 + x_2 = 0 \\ 2kx_1 + x_2 + kx_3 = 0 \\ 2x_1 + 2kx_2 + x_3 = 0 \end{cases}$

***126** $A(-1, 0)$, $B(2, 9)$, $C(0, 8)$, $D(-1, 6)$ とするとき四角形 ABCD の面積を求めよ。 (敎 p.137 練習 6)

***127** $\boldsymbol{a} = \begin{pmatrix} 2 \\ -3 \\ 4 \end{pmatrix}$, $\boldsymbol{b} = \begin{pmatrix} 1 \\ 2 \\ -1 \end{pmatrix}$, $\boldsymbol{c} = \begin{pmatrix} 3 \\ -1 \\ 0 \end{pmatrix}$ とするとき、次の問いに答えよ。

(敎 p.138 練習 7)

(1) $\boldsymbol{a}$, $\boldsymbol{b}$, $\boldsymbol{c}$ の定める平行六面体の体積を求めよ。

(2) $\boldsymbol{a} - \boldsymbol{b}$, $2\boldsymbol{b} - \boldsymbol{c}$, $3\boldsymbol{c} - \boldsymbol{a}$ の定める平行六面体の体積を求めよ。

***128** 次のベクトルの組は 1 次独立か、1 次従属かを調べよ。

(敎 p.139 練習 8, p.141 練習 9)

(1) $\begin{pmatrix} 2 \\ -2 \\ 0 \end{pmatrix}$, $\begin{pmatrix} -3 \\ 5 \\ 2 \end{pmatrix}$, $\begin{pmatrix} 6 \\ -4 \\ 3 \end{pmatrix}$ (2) $\begin{pmatrix} 1 \\ 2 \\ 3 \end{pmatrix}$, $\begin{pmatrix} 4 \\ 5 \\ 6 \end{pmatrix}$, $\begin{pmatrix} 7 \\ 8 \\ 9 \end{pmatrix}$

B

129 次の行列の逆行列を求めよ。ただし、$a \neq b$, $b \neq c$, $c \neq a$ とする。

*(1) $\begin{pmatrix} 1 & 1 & 1 \\ a & b & c \\ a^2 & b^2 & c^2 \end{pmatrix}$ (2) $\begin{pmatrix} 0 & a & -b \\ -b & 0 & a \\ a & -b & 0 \end{pmatrix}$

130 次の行列の逆行列を求めよ。

(1) $\begin{pmatrix} 0 & 0 & 0 & 1 \\ 0 & 0 & -1 & 0 \\ 0 & -1 & 0 & 0 \\ 1 & 0 & 0 & 0 \end{pmatrix}$　　(2) $\begin{pmatrix} 1 & 1 & 0 & 0 \\ 0 & 1 & 1 & 0 \\ 0 & 0 & 1 & 1 \\ 0 & 0 & 0 & 1 \end{pmatrix}$

131 成分がすべて整数の正則行列 A について，A^{-1} の成分もすべて整数であるための必要十分条件は $|A| = \pm 1$ であることを示せ。

132 連立方程式 $\begin{cases} x_1 + ax_2 + bx_3 = 1 \\ x_1 + a^2x_2 + b^2x_3 = 2 \\ x_1 + a^3x_2 + b^3x_3 = 3 \end{cases}$ がただ1つの解をもつための a，b に関する条件を求めよ。ただし，a，$b > 0$ とする。

*133 空間内の4点 A$(2, -3, 4)$, B$(1, 2, -1)$, C$(3, -1, 2)$, D$(1, 0, 5)$ を頂点とする四面体の体積を求めよ。

例題 7　空間内において，ベクトル $\boldsymbol{a}$，$\boldsymbol{b}$，$\boldsymbol{c}$ が1次独立ならば，任意のベクトル $\boldsymbol{x}$ は $\boldsymbol{a}$，$\boldsymbol{b}$，$\boldsymbol{c}$ の1次結合として表されることを証明せよ。

考え方　$l\boldsymbol{a} + m\boldsymbol{b} + n\boldsymbol{c} = \boldsymbol{x}$ と表せることを示す。

解　$\boldsymbol{a} = \begin{pmatrix} a_1 \\ a_2 \\ a_3 \end{pmatrix}$, $\boldsymbol{b} = \begin{pmatrix} b_1 \\ b_2 \\ b_3 \end{pmatrix}$, $\boldsymbol{c} = \begin{pmatrix} c_1 \\ c_2 \\ c_3 \end{pmatrix}$, $\boldsymbol{x} = \begin{pmatrix} x_1 \\ x_2 \\ x_3 \end{pmatrix}$ とする。

l, m, n についての方程式

$$l\boldsymbol{a} + m\boldsymbol{b} + n\boldsymbol{c} = \boldsymbol{x} \quad \cdots\cdots ①$$

を行列で表すと

$$\begin{pmatrix} a_1 & b_1 & c_1 \\ a_2 & b_2 & c_2 \\ a_3 & b_3 & c_3 \end{pmatrix}\begin{pmatrix} l \\ m \\ n \end{pmatrix} = \begin{pmatrix} x_1 \\ x_2 \\ x_3 \end{pmatrix}$$

$A = \begin{pmatrix} a_1 & b_1 & c_1 \\ a_2 & b_2 & c_2 \\ a_3 & b_3 & c_3 \end{pmatrix}$ とおくと $\begin{pmatrix} a_1 \\ a_2 \\ a_3 \end{pmatrix}$, $\begin{pmatrix} b_1 \\ b_2 \\ b_3 \end{pmatrix}$, $\begin{pmatrix} c_1 \\ c_2 \\ c_3 \end{pmatrix}$ が1次独立であるので

$|A| \neq 0$。したがって，①はただ1組の解をもつ。つまり，クラメルの公式より

$$l = \frac{1}{|A|}\begin{vmatrix} x_1 & b_1 & c_1 \\ x_2 & b_2 & c_2 \\ x_3 & b_3 & c_3 \end{vmatrix}, \quad m = \frac{1}{|A|}\begin{vmatrix} a_1 & x_1 & c_1 \\ a_2 & x_2 & c_2 \\ a_3 & x_3 & c_3 \end{vmatrix}, \quad n = \frac{1}{|A|}\begin{vmatrix} a_1 & b_1 & x_1 \\ a_2 & b_2 & x_2 \\ a_3 & b_3 & x_3 \end{vmatrix}$$

*134 $\boldsymbol{a} = \begin{pmatrix} 1 \\ -2 \\ 3 \end{pmatrix}$, $\boldsymbol{b} = \begin{pmatrix} 2 \\ 5 \\ -3 \end{pmatrix}$, $\boldsymbol{c} = \begin{pmatrix} 1 \\ 2 \\ 0 \end{pmatrix}$, $\boldsymbol{x} = \begin{pmatrix} 9 \\ 13 \\ -3 \end{pmatrix}$ について次の問いに答えよ。

(1) $\boldsymbol{a}$, $\boldsymbol{b}$, $\boldsymbol{c}$ が1次独立であることを示せ。

(2) $\boldsymbol{x}$ を $\boldsymbol{a}$, $\boldsymbol{b}$, $\boldsymbol{c}$ の1次結合で表せ。

135 1次独立なベクトル $\boldsymbol{a}$, $\boldsymbol{b}$, $\boldsymbol{c}$ を用いて次のように $\boldsymbol{x}$, $\boldsymbol{y}$, $\boldsymbol{z}$ を定める。

$$\boldsymbol{x} = \boldsymbol{a} + 2\boldsymbol{b} - \boldsymbol{c}, \quad \boldsymbol{y} = -\boldsymbol{a} - \boldsymbol{b} - \boldsymbol{c}, \quad \boldsymbol{z} = \boldsymbol{a} + \boldsymbol{b}$$

このとき，$\boldsymbol{x}$, $\boldsymbol{y}$, $\boldsymbol{z}$ は1次独立であることを示せ。

*136 次のベクトルが1次従属であるような a を求めよ。

$$\begin{pmatrix} 0 \\ a \\ 1 \\ 2 \end{pmatrix}, \begin{pmatrix} a \\ 0 \\ 2 \\ 1 \end{pmatrix}, \begin{pmatrix} 1 \\ 2 \\ 0 \\ a \end{pmatrix}, \begin{pmatrix} 2 \\ 1 \\ a \\ 0 \end{pmatrix}$$

137 連立方程式 $\begin{cases} 3x - 2y = \lambda x \\ 2x - 2y = \lambda y \end{cases}$ が $x = y = 0$ 以外の解をもつように λ を定め，そのときの連立方程式の解を求めよ。

138 空間の $\boldsymbol{0}$ でないベクトル $\boldsymbol{a}$, $\boldsymbol{b}$, $\boldsymbol{c}$ が互いに直交するとき次の問いに答えよ。

(1) $A = (\boldsymbol{a}\ \boldsymbol{b}\ \boldsymbol{c})$ とおくとき，${}^t\!AA$ を計算することで，$|A|$ を求めよ。

(2) $\boldsymbol{a}$, $\boldsymbol{b}$, $\boldsymbol{c}$ は1次独立であることを示せ。

(3) 任意のベクトル $\boldsymbol{x}$ を $\boldsymbol{x} = l\boldsymbol{a} + m\boldsymbol{b} + n\boldsymbol{c}$ とするとき，l, m, n を $\boldsymbol{x}$, $\boldsymbol{a}$, $\boldsymbol{b}$, $\boldsymbol{c}$ で表せ。

===== 発展問題 =====

139 正則な n 次正方行列 A の余因子行列 $\widetilde{A}$ について，次の問いに答えよ。

(1) $|\widetilde{A}| = |A|^{n-1}$ が成り立つことを示せ。

(2) $\widetilde{\widetilde{A}} = |A|^{n-2}A$ が成り立つことを示せ。

140 正則な n 次正方行列 $A = (a_{ij})$ の (i, j) 余因子を $\tilde{a}_{ij}$ とするとき，次の等式を証明せよ。

$$\Delta_r = \begin{vmatrix} \tilde{a}_{r+1\,r+1} & \cdots & \tilde{a}_{n\,r+1} \\ \vdots & & \vdots \\ \tilde{a}_{r+1\,n} & \cdots & \tilde{a}_{nn} \end{vmatrix} = |A|^{n-r-1} \begin{vmatrix} a_{11} & \cdots & a_{1r} \\ \vdots & & \vdots \\ a_{r1} & \cdots & a_{rr} \end{vmatrix}$$

3章 の問題

1 次の行列式の値を求めよ。

*(1) $\begin{vmatrix} 1 & -1 & 3 \\ 4 & 0 & 7 \\ 1 & 2 & 1 \end{vmatrix}$
　　　　　　(2) $\begin{vmatrix} 1 & 2 & 3 \\ 0 & 1 & 2 \\ 1 & 2 & 4 \end{vmatrix}$

*(3) $\begin{vmatrix} 1 & 2 & -2 & 3 \\ 3 & -4 & 1 & 2 \\ 5 & -6 & 1 & 3 \\ 5 & 7 & -2 & -9 \end{vmatrix}$
　　(4) $\begin{vmatrix} 1 & 0 & 2 & 1 \\ 0 & 1 & 1 & -1 \\ -1 & 0 & 3 & 0 \\ 0 & 0 & -4 & 2 \end{vmatrix}$

*(5) $\begin{vmatrix} 1 & 0 & 1 & 0 \\ 7 & 1 & 5 & -2 \\ -3 & -1 & -4 & 3 \\ 1 & 0 & 2 & -2 \end{vmatrix}$
　　(6) $\begin{vmatrix} 0 & 0 & 0 & 2 \\ 2 & 0 & 0 & 5 \\ 7 & 0 & 2 & 8 \\ 6 & 1 & 3 & 9 \end{vmatrix}$

* **2** 行列 $A = \begin{pmatrix} 1 & 1 & 1 \\ 1 & x & x^2 \\ 1 & y & y^2 \end{pmatrix}$ について，次の問いに答えよ。

(1) 行列式 $|A|$ を因数分解せよ。

(2) A が正則になる x, y の値を求めよ。

3 A が $|A| = 12$ を満たす 2 次正方行列のとき，$|2A|$ の値を求めよ。

* **4** A, B は同じ次数の正方行列で，$|A| = \dfrac{1}{2}$ であり，B は逆行列をもたない
という。このとき次の値を求めよ。

(1) $|A^{-1}|$
　　　　　　(2) $|A^{-1}B|$

* **5** 連立方程式
$$\begin{pmatrix} a & 1 & -1 \\ 3 & a & 0 \\ -2 & -1 & 1 \end{pmatrix} \begin{pmatrix} x \\ y \\ z \end{pmatrix} = \begin{pmatrix} 0 \\ 0 \\ 0 \end{pmatrix}$$
が $\begin{pmatrix} x \\ y \\ z \end{pmatrix} = \begin{pmatrix} 0 \\ 0 \\ 0 \end{pmatrix}$ 以外の解をもつように定数 a の値を定めよ。また，その
ときの解を求めよ。

6 空間内の 4 点 A$(3, 1, 0)$，B$(4, 3, -1)$，C$(8, 3, 3)$，D$(4, 0, a)$ が同
じ平面上にあるように a の値を定めよ。

7
$$f(x) = \begin{vmatrix} x & -1 & 0 \\ 0 & x & -1 \\ -abc & ab+bc+ca & x-a-b-c \end{vmatrix}$$

について，次の問いに答えよ。

(1) $f(x) = x^3 - (a+b+c)x^2 + (ab+bc+ca)x - abc$ であることを示せ。

(2) $f(x)$ を因数分解せよ。

(3) $f(x) = 0$ を解け。

8 定数 a に対し，方程式
$$\begin{pmatrix} 1 & 0 & 1 \\ 1 & 1 & a \\ 1 & 0 & 1+a \\ 1 & -a & 1 \end{pmatrix}\begin{pmatrix} x \\ y \\ z \end{pmatrix} = \begin{pmatrix} 1 \\ a+1 \\ 1 \\ a+1 \end{pmatrix}$$

が解をもつ a の値と一般解を求めよ。

9 次のような n 次正方行列の行列式を $\varDelta_n$ とする。
$$\begin{vmatrix} 2 & -1 & 0 & \cdots & \cdots & 0 \\ -1 & 2 & -1 & 0 & \cdots & 0 \\ 0 & -1 & 2 & \ddots & \ddots & \vdots \\ 0 & 0 & -1 & \ddots & \ddots & 0 \\ \vdots & \ddots & \ddots & \ddots & \ddots & -1 \\ 0 & \cdots & \cdots & 0 & -1 & 2 \end{vmatrix}$$

このとき次の問いに答えよ。

(1) $\varDelta_{n+2} = 2\varDelta_{n+1} - \varDelta_n$ が成り立つことを示せ。

(2) $\varDelta_n$ の値を求めよ。

10 行列 A に対して，その行列式の値を $|A|$，その絶対値を $\mathrm{abs}|A|$ と表記するとき，次の問いに答えよ。

(1) 点 $\mathrm{P}(x_1,\ y_1)$ と原点を通る直線の方程式を行列式を用いて表現せよ。

(2) 平面上の 3 点 $(x_1,\ y_1)$, $(x_2,\ y_2)$, $(x_3,\ y_3)$ を頂点とする三角形の面積 S は以下のように表現できることを示せ。
$$S = \frac{1}{2}\mathrm{abs}\begin{vmatrix} 1 & 1 & 1 \\ x_1 & x_2 & x_3 \\ y_1 & y_2 & y_3 \end{vmatrix}$$

1 | 1 次変換

◆◆◆要点◆◆◆

▶ 1 次変換と行列

平面上の点 $P(x, y)$ を点 $Q(x', y')$ に移す変換において，

$$\begin{cases} x' = ax + by \\ y' = cx + dy \end{cases}$$ で表されるものを 1 次変換または線形変換という。

この 1 次変換を f とすると，f は行列を用いて $\begin{pmatrix} x' \\ y' \end{pmatrix} = \begin{pmatrix} a & b \\ c & d \end{pmatrix} \begin{pmatrix} x \\ y \end{pmatrix}$ と表せる。

このとき，行列 $\begin{pmatrix} a & b \\ c & d \end{pmatrix}$ を 1 次変換 f を表す行列という。

▶回転を表す 1 次変換

原点を中心とする角 θ の回転移動の 1 次変換は

$$\begin{pmatrix} x' \\ y' \end{pmatrix} = \begin{pmatrix} \cos\theta & -\sin\theta \\ \sin\theta & \cos\theta \end{pmatrix} \begin{pmatrix} x \\ y \end{pmatrix}$$ と表すことができる。

▶ 1 次変換の合成変換

行列 A，B で表される 1 次変換をそれぞれ f，g とすれば，合成変換 $g \circ f$ は，行列 BA で表される 1 次変換である。

▶ 1 次変換の逆変換

1 次変換 f を表す行列 A に逆行列 A^{-1} が存在するとき，f の逆変換 f^{-1} は逆行列 A^{-1} で表される 1 次変換である。

A

*141 原点に関する対称移動を表す行列を示し，点 $(a - b, \sqrt{3})$ がこの変換により移る点の座標を求めよ。
(教 p.145 練習 1)

*142 行列 $\begin{pmatrix} -1 & 2 \\ 1 & -3 \end{pmatrix}$ で表される 1 次変換によって，次の点はそれぞれどのような点に移されるか。
(教 p.147 練習 2)

(1) 点 $(1, 0)$ (2) 点 $(0, 1)$ (3) 点 $(-1, 2)$ (4) 点 (a, b)

143 次の行列で表される 1 次変換によって，点 (a, b) はどのような点に移されるか。
(教 p.147 練習 2)

(1) $\begin{pmatrix} 1 & 0 \\ 0 & 1 \end{pmatrix}$ (2) $\begin{pmatrix} 1 & 2 \\ -2 & 3 \end{pmatrix}$ (3) $\begin{pmatrix} 2 & 4 \\ 1 & 2 \end{pmatrix}$

*144　2 点 $(1, -1)$, $(-3, 4)$ を，それぞれ点 $(-1, 2)$，点 $(6, -7)$ に移す 1 次変換を表す行列を求めよ。
（教 p.148 練習 3）

145　原点を中心とする次の角の回転移動によって，点 $(-\sqrt{3}, 1)$ が移される点の座標を求めよ。
（教 p.150 練習 4）

　　*(1)　$\dfrac{\pi}{4}$　　　　　　　*(2)　$\dfrac{5}{6}\pi$　　　　　　(3)　$\dfrac{4}{3}\pi$

*146　原点を中心とする $\dfrac{\pi}{3}$ の回転移動を f とするとき，f によって点 $(6\sqrt{3}, 2)$ に移されるもとの点 P の座標 (x, y) を求めよ。
（教 p.150 練習 5）

*147　1 次変換 f, g がそれぞれ次のように与えられている。このとき次の問いに答えよ。
（教 p.151-152 練習 6-7）

$$f : \begin{cases} x' = x - 2y \\ y' = 2x + y \end{cases} \qquad g : \begin{cases} x' = -y \\ y' = 3x + y \end{cases}$$

(1)　合成変換 $f \circ g$, $g \circ f$ を表す行列をそれぞれ求めよ。
(2)　合成変換 $f \circ g$, $g \circ f$ による点 $(1, 1)$ の像を求めよ。

148　$A = \begin{pmatrix} 1 & 1 \\ 1 & 2 \end{pmatrix}$ によって表される 1 次変換によって，点 P が点 $P'(-2, 1)$ に移るとき，点 P の座標を求めよ。
（教 p.153 練習 8）

*149　原点を中心とする $\dfrac{2}{3}\pi$ の回転移動を表す行列を A とするとき，A^{15} を求めよ。
（教 p.154 練習 10）

*150　点 P の座標が $(\sqrt{3}, 1)$ であるとき，△OPQ が正三角形となるような点 Q の座標を，点 P の回転移動を利用して求めよ。
（教 p.155 練習 11）

*151　行列 $\begin{pmatrix} 4 & 2 \\ 3 & 2 \end{pmatrix}$ で表される 1 次変換 f について，直線 $y = 2x - 1$ の f による像を次の方法で求めよ。
（教 p.158 練習 12-14）
(1)　直線上の任意点を $(x, 2x-1)$ とおく。　(2)　逆変換 f^{-1} を用いる。

*152　曲線 $\dfrac{x^2}{2} + \dfrac{5y^2}{2} = 1$ を原点 O を中心として $\dfrac{\pi}{6}$ 回転してできる曲線の方程式を求めよ。
（教 p.159-160 練習 15-16）

◆◇◆◇◆◇◆◇◆◇◆◇◆◇◆◇◆◇◆◇◆◇ **B** ◆◇◆◇◆◇◆◇◆◇◆◇◆◇◆◇◆◇◆◇◆◇◆◇

153 直線 $y = 2x$ に関する対称移動を示す1次変換を表す行列を求めよ。

154 2点 A$(1,\ 0)$, B$(0,\ 1)$ をそれぞれ A$'(2,\ \sqrt{2}\,)$, B$'(\sqrt{2}\,,\ 3)$ に移す1次変換を f とする。
(1) f を表す行列を求めよ。
(2) f により点 $(1,\ t)$ が点 $(k,\ kt)$ に移るとき，k と t の値を求めよ。

155 1次変換 f は x 軸に関する対称移動とし，1次変換 g は原点のまわりの $-\dfrac{\pi}{4}$ の回転移動とするとき，合成変換 $g \circ f$ により点 $(1,\ 3)$ はどのような点に移るか。

156 1次変換 f, g を表す行列をそれぞれ $A = \begin{pmatrix} 2 & -1 \\ -3 & 2 \end{pmatrix}$, $B = \begin{pmatrix} -1 & 0 \\ 2 & 1 \end{pmatrix}$ とするとき，次の1次変換を表す行列を求めよ。また，各変換による，点 $(1,\ -2)$ の像を求めよ。
(1) $g \circ f$ (2) $(g \circ f)^{-1}$ (3) $f^{-1} \circ g^{-1}$

例題 8 行列 $\begin{pmatrix} 1 & 1 \\ 3 & -1 \end{pmatrix}$ によって表される1次変換によって，直線 $y = mx$ 上の点がつねに，同じこの直線上に移るとき，m の値を求めよ。

考え方 $y = mx$ において $x = t$ とおくと $y = mt$

解 この直線上の任意の点を P$(t,\ mt)$ とし，像を P$'(x',\ y')$ とすると
$$\begin{pmatrix} x' \\ y' \end{pmatrix} = \begin{pmatrix} 1 & 1 \\ 3 & -1 \end{pmatrix}\begin{pmatrix} t \\ mt \end{pmatrix}$$
より
$$x' = (m+1)t \quad \cdots\cdots ①$$
$$y' = (3-m)t \quad \cdots\cdots ②$$
P$'(x',\ y')$ は直線 $y = mx$ 上にあるから $y' = mx'$ である。
①，②を代入して整理すると $(m^2 + 2m - 3)t = 0 \quad \cdots\cdots ③$
任意の実数 t について③が成り立つから
$m^2 + 2m - 3 = 0 \quad (m+3)(m-1) = 0 \quad$ よって $\quad m = 1,\ -3$

157 行列 $\begin{pmatrix} 1 & 4 \\ 2 & -1 \end{pmatrix}$ で表される1次変換によって，直線 $y = mx$ 上の点がつねに直線 $y = x$ 上に移るとき，m の値を求めよ。

*158 行列 $\begin{pmatrix} 1 & a \\ b & 2 \end{pmatrix}$ で表される1次変換 f により，直線 $x + 2y = 1$ 上の点がつねに直線 $2x - y = 3$ 上に移るとき，a, b の値を求めよ。

159 2点 A$(2, -1)$, B$(1, 1)$ をそれぞれ点 A$'(4, 1)$, B$'(-1, 5)$ に移す1次変換を f とする。

(1) f を表す行列を求めよ。

(2) 直線 AB 上の任意の点は f によりどのような図形上に移るか。

160 $A = \begin{pmatrix} \cos\dfrac{\pi}{6} & -\sin\dfrac{\pi}{6} \\ \sin\dfrac{\pi}{6} & \cos\dfrac{\pi}{6} \end{pmatrix}$ のとき，次の問いに答えよ。

(1) 行列 A^{-1}, A^2 をそれぞれ求めよ。

(2) $A^n = \begin{pmatrix} 1 & 0 \\ 0 & 1 \end{pmatrix}$ となる最小の自然数 n を求めよ。

(3) A^{100} の表す移動によって，点 $(2, \sqrt{3})$ はどのような点に移されるか。

161 行列 $\begin{pmatrix} k & 2 \\ 1 & k+1 \end{pmatrix}$ で表される1次変換によって，動かされない点が原点以外に少なくとも1つ存在するような k の値を求めよ。

162 行列 $\begin{pmatrix} 3 & 1 \\ 0 & -1 \end{pmatrix}$ で表される1次変換 f について，曲線 $9x^2 + 6xy + 2y^2 = 1$ の f による像を求めよ。

=====　**発展問題**　=====

163 行列 $\begin{pmatrix} 1 & -2 \\ 2 & 1 \end{pmatrix}$ で表される1次変換を f とする。

(1) 点 P が f により点 $(4, 3)$ に移るとき，点 P の座標を求めよ。

(2) 第1象限の点 P が f により移る点 P$'$ が存在する xy 平面上の領域を図示せよ。

2 | 固有値と対角化

◆◆◆要点◆◆◆

▶**固有値・固有ベクトル** —— A を n 次正方行列とする。n 成分の列ベクトル $\boldsymbol{x}$ ($\neq \boldsymbol{0}$) に対し，ある数 λ があって $A\boldsymbol{x} = \lambda\boldsymbol{x}$ を満たすとき，数 λ を A の固有値，ベクトル $\boldsymbol{x}$ を λ に属する A の固有ベクトルという。

▶**固有値・固有ベクトルの求め方** —— E を n 次単位行列とするとき，λ の n 次方程式 $|A - \lambda E| = 0$ を解いて固有値 λ を求める。
　この値を方程式 $A\boldsymbol{x} = \lambda\boldsymbol{x}$ に代入して固有ベクトル $\boldsymbol{x}$ を求める。

▶**対角化の方法** —— A の固有値を $\lambda_1, \lambda_2, \cdots, \lambda_n$ その各々に属する固有ベクトルを $\boldsymbol{x}_1, \boldsymbol{x}_2, \cdots, \boldsymbol{x}_n$ とする。これらが１次独立ならば，ある n 次正方行列 $P = (\boldsymbol{x}_1 \ \boldsymbol{x}_2 \ \cdots \ \boldsymbol{x}_n)$ を用いて A は次のように対角化できる。

$$(*) \quad P^{-1}AP = \begin{pmatrix} \lambda_1 & 0 & \cdots & 0 \\ 0 & \lambda_2 & & \vdots \\ \vdots & & \ddots & \vdots \\ 0 & \cdots & \cdots & \lambda_n \end{pmatrix} \text{（対角成分でない成分はすべて 0）}$$

　とくに A が対称行列のときは，固有ベクトル $\boldsymbol{x}_1, \boldsymbol{x}_2, \cdots, \boldsymbol{x}_n$ を，互いに直交し，各々の大きさが１であるように必ずとれ，それらを並べてできる直交行列 $P = (\boldsymbol{x}_1 \ \boldsymbol{x}_2 \ \cdots \ \boldsymbol{x}_n)$ によって A は $(*)$ 式のように対角化できる。つまり対称行列は，ある直交行列により必ず対角化できる。

▶**2次形式** —— 変数 x, y についての２次式 $F(x, y) = ax^2 + by^2 + cxy$ を x，y に関する２次形式という。とくに，$ax^2 + by^2$ の形の２次形式を２次形式の標準形という。

A

164 次の行列の固有値，固有ベクトルを求めよ。　　　　　　（敎 p.175 練習 1）

*(1) $\begin{pmatrix} 1 & -3 \\ 1 & 5 \end{pmatrix}$　　　(2) $\begin{pmatrix} 1 & 0 & 0 \\ 0 & 2 & 0 \\ 0 & 0 & 3 \end{pmatrix}$　　　*(3) $\begin{pmatrix} 2 & 1 & 0 \\ 1 & 2 & 0 \\ 1 & 1 & 1 \end{pmatrix}$

165 次の行列を対角化せよ。また，そのときに使った対角化行列 P を示せ。

（敎 p.179 練習 2, 4）

*(1) $\begin{pmatrix} 0 & -3 \\ 2 & 5 \end{pmatrix}$　　　(2) $\begin{pmatrix} 1 & 1 & 1 \\ 1 & 1 & 1 \\ 0 & 0 & 1 \end{pmatrix}$　　　*(3) $\begin{pmatrix} 6 & -1 & 5 \\ -3 & 2 & -3 \\ -7 & 1 & -6 \end{pmatrix}$

166 次の行列は対角化できるか。できるときは，対角化行列 P を求めて対角化せよ。できないときはその理由を述べよ。　(國 p.182 練習5)

*(1) $\begin{pmatrix} 2 & 1 \\ -1 & 0 \end{pmatrix}$　　(2) $\begin{pmatrix} 2 & 1 & 1 \\ 1 & 2 & 1 \\ 0 & 0 & 1 \end{pmatrix}$　　*(3) $\begin{pmatrix} 2 & 0 & 1 \\ 0 & 2 & 1 \\ 1 & -2 & 4 \end{pmatrix}$

167 次の対称行列に対し，対角化行列 P として直交行列であるものを選び，それを用いて対角化せよ。　(國 p.185-187 練習6-7)

(1) $\begin{pmatrix} 1 & -1 \\ -1 & 1 \end{pmatrix}$　　*(2) $\begin{pmatrix} 3 & 1 \\ 1 & 3 \end{pmatrix}$　　(3) $\begin{pmatrix} 3 & 2 \\ 2 & 0 \end{pmatrix}$

*(4) $\begin{pmatrix} 1 & 0 & 1 \\ 0 & 1 & 0 \\ 1 & 0 & 1 \end{pmatrix}$　　(5) $\begin{pmatrix} 1 & -1 & 1 \\ -1 & 1 & 1 \\ 1 & 1 & -1 \end{pmatrix}$　　*(6) $\begin{pmatrix} 1 & 1 & 1 \\ 1 & 1 & 1 \\ 1 & 1 & 1 \end{pmatrix}$

168 次の行列を A とするとき A^n を求めよ。　(國 p.188 練習8)

*(1) $\begin{pmatrix} 1 & -1 \\ 2 & 4 \end{pmatrix}$　　(2) $\begin{pmatrix} 4 & 2 \\ -3 & -1 \end{pmatrix}$　　*(3) $\begin{pmatrix} 0 & 1 \\ 1 & 0 \end{pmatrix}$

169 次の曲線がどんな図形であるかを答えよ。　(國 p.191 練習9)

*(1) $5x^2 + 8xy + 5y^2 = 9$　　(2) $3x^2 + 10xy + 3y^2 = -8$

B

170 次の行列を対角化せよ。また，そのときに使った対角化行列 P を示せ。

*(1) $\begin{pmatrix} 2 & 2 & 1 \\ 1 & 3 & 1 \\ 1 & 2 & 2 \end{pmatrix}$　　(2) $\begin{pmatrix} 4 & 2 & -2 \\ 2 & 1 & -1 \\ -2 & -1 & 1 \end{pmatrix}$　　*(3) $\begin{pmatrix} 1 & -3 & 3 \\ 3 & -5 & 3 \\ 6 & -6 & 4 \end{pmatrix}$

171 次の対称行列に対し，対角化行列 P として直交行列であるものを選び，それを用いて対角化せよ。

*(1) $\begin{pmatrix} 1 & -2 & -2 \\ -2 & 1 & -2 \\ -2 & -2 & 1 \end{pmatrix}$　　(2) $\begin{pmatrix} 1 & -2 & 2 \\ -2 & 1 & -2 \\ 2 & -2 & 1 \end{pmatrix}$　　*(3) $\begin{pmatrix} 3 & 2 & 4 \\ 2 & 0 & 2 \\ 4 & 2 & 3 \end{pmatrix}$

172 n 次対称行列の固有値は実数である。(國 p.183 定理4) この定理について $n=2$ のときの証明をせよ。すなわち，実数 a, b, d に対し $A = \begin{pmatrix} a & b \\ b & d \end{pmatrix}$ とおくとき A の固有値は実数であることを示せ。

例題 9 次の曲線がどんな図形であるかを答えよ。
$$x^2 - 2\sqrt{3}\,xy + 3y^2 - \sqrt{3}\,x - y = 0$$

考え方 2 次の項を x', y' に関する 2 次形式の標準形に直し，それに伴う x, y から x'，y' への変換式を用いて 1 次の項を x', y' の式に直す。

解 与式左辺 $= (x\ \ y)\begin{pmatrix} 1 & -\sqrt{3} \\ -\sqrt{3} & 3 \end{pmatrix}\begin{pmatrix} x \\ y \end{pmatrix} - \sqrt{3}\,x - y$ ……①

ここで $A = \begin{pmatrix} 1 & -\sqrt{3} \\ -\sqrt{3} & 3 \end{pmatrix}$ に対し $|A - \lambda E| = \begin{vmatrix} 1-\lambda & -\sqrt{3} \\ -\sqrt{3} & 3-\lambda \end{vmatrix}$

$= \lambda^2 - 4\lambda + 3 - 3 = \lambda(\lambda - 4) = 0$ より A の固有値は $\lambda = 0, 4$

(i) $\lambda = 4$ に属する固有ベクトルを求める。

$\begin{pmatrix} 1 & -\sqrt{3} \\ -\sqrt{3} & 3 \end{pmatrix}\begin{pmatrix} x \\ y \end{pmatrix} = 4\begin{pmatrix} x \\ y \end{pmatrix}$ より $\begin{cases} x - \sqrt{3}\,y = 4x \\ -\sqrt{3}\,x + 3y = 4y \end{cases}$

よって $\begin{pmatrix} x \\ y \end{pmatrix} = \begin{pmatrix} \alpha \\ -\sqrt{3}\,\alpha \end{pmatrix}$ （α は 0 以外の任意数）

(ii) $\lambda = 0$ に属する固有ベクトルを求める。

$\begin{pmatrix} 1 & -\sqrt{3} \\ -\sqrt{3} & 3 \end{pmatrix}\begin{pmatrix} x \\ y \end{pmatrix} = 0\begin{pmatrix} x \\ y \end{pmatrix}$ より $\begin{cases} x - \sqrt{3}\,y = 0 \\ -\sqrt{3}\,x + 3y = 0 \end{cases}$

よって $\begin{pmatrix} x \\ y \end{pmatrix} = \begin{pmatrix} \sqrt{3}\,\beta \\ \beta \end{pmatrix}$ （β は 0 以外の任意数）

次に $\alpha = \dfrac{1}{2}$, $\beta = \dfrac{1}{2}$ とした固有ベクトルを並べ

$\dfrac{1}{2}\begin{pmatrix} 1 & \sqrt{3} \\ -\sqrt{3} & 1 \end{pmatrix} = P$ とおくと $P = \begin{pmatrix} \cos\left(-\dfrac{\pi}{3}\right) & -\sin\left(-\dfrac{\pi}{3}\right) \\ \sin\left(-\dfrac{\pi}{3}\right) & \cos\left(-\dfrac{\pi}{3}\right) \end{pmatrix}$ …②

であり $^tPAP = \begin{pmatrix} 4 & 0 \\ 0 & 0 \end{pmatrix}$ と対角化されるので $A = P\begin{pmatrix} 4 & 0 \\ 0 & 0 \end{pmatrix}{}^tP$

したがって

①式 $= (x\ \ y)P\begin{pmatrix} 4 & 0 \\ 0 & 0 \end{pmatrix}{}^tP\begin{pmatrix} x \\ y \end{pmatrix} - \sqrt{3}\,x - y$

ここで ${}^tP\begin{pmatrix} x \\ y \end{pmatrix} = \begin{pmatrix} x' \\ y' \end{pmatrix}$ ……③

とおくと $\dfrac{1}{2}\begin{pmatrix} 1 & -\sqrt{3} \\ \sqrt{3} & 1 \end{pmatrix}\begin{pmatrix} x \\ y \end{pmatrix} = \begin{pmatrix} x' \\ y' \end{pmatrix}$ なので $\dfrac{1}{2}(\sqrt{3}\,x + y) = y'$

よって ①式 $= (x'\ \ y')\begin{pmatrix} 4 & 0 \\ 0 & 0 \end{pmatrix}\begin{pmatrix} x' \\ y' \end{pmatrix} - 2y' = 4x'^2 - 2y'$

したがって，与式は
$$4x'^2 - 2y' = 0 \quad \text{つまり} \quad y' = 2x'^2$$
③より $\begin{pmatrix} x \\ y \end{pmatrix} = P \begin{pmatrix} x' \\ y' \end{pmatrix}$ であるので，②の表示をみると，与式は，放物線

$y' = 2x'^2$ を $-\dfrac{\pi}{3}$ 回転させた図形であるとわかる。

173 次の曲線がどんな図形であるかを答えよ。

*(1) $3x^2 - 2\sqrt{3}\,xy + y^2 - 2x - 2\sqrt{3}\,y = 0$

(2) $x^2 - 2xy + y^2 - \sqrt{2}\,x - \sqrt{2}\,y = 0$

*(3) $3x^2 + 2\sqrt{3}\,xy + y^2 + 2x - 2\sqrt{3}\,y = 0$

例題 10 変数 x, y, z について $ax^2 + by^2 + cz^2 + dxy + eyz + fzx$ を x, y, z に関する 2 次形式，とくに $ax^2 + by^2 + cz^2$ の形の式を 2 次形式の標準形という。次の 2 次形式の標準形を求めよ。
$$3x^2 + 3z^2 + 4xy + 4yz + 8zx$$

考え方 対称行列を係数行列にもつ行列の積で表す。

解
$$
\begin{aligned}
\text{与式} &= 3x^2 + 2xy + 4xz + 2yx + 0y^2 + 2yz + 4zx + 2zy + 3z^2 \\
&= x(3x + 2y + 4z) + y(2x + 0y + 2z) + z(4x + 2y + 3z) \\
&= (x \quad y \quad z)\begin{pmatrix} 3x+2y+4z \\ 2x+0y+2z \\ 4x+2y+3z \end{pmatrix} \\
&= (x \quad y \quad z)\begin{pmatrix} 3 & 2 & 4 \\ 2 & 0 & 2 \\ 4 & 2 & 3 \end{pmatrix}\begin{pmatrix} x \\ y \\ z \end{pmatrix} \quad \leftarrow \text{問題 171(3)の対角化行列 } P \text{ を使うと} \\
&= (x \quad y \quad z)P\begin{pmatrix} -1 & 0 & 0 \\ 0 & -1 & 0 \\ 0 & 0 & 8 \end{pmatrix}{}^tP\begin{pmatrix} x \\ y \\ z \end{pmatrix} \quad \leftarrow {}^tP\begin{pmatrix} x \\ y \\ z \end{pmatrix} = \begin{pmatrix} x' \\ y' \\ z' \end{pmatrix} \text{ とおくと} \\
&= (x' \quad y' \quad z')\begin{pmatrix} -1 & 0 & 0 \\ 0 & -1 & 0 \\ 0 & 0 & 8 \end{pmatrix}\begin{pmatrix} x' \\ y' \\ z' \end{pmatrix} = -x'^2 - y'^2 + 8z'^2
\end{aligned}
$$

---

174 次の 2 次形式の標準形を求めよ。

*(1) $x^2 + y^2 + z^2 - 4xy - 4yz - 4zx$

(2) $x^2 + y^2 + z^2 - 4xy - 4yz + 4zx$

例題 11 次の漸化式で定義されている数列 $\{a_n\}$, $\{b_n\}$ について，それぞれの数列の第 n 項 a_n, b_n を求めよ。$(n = 1,\ 2,\ 3,\ \cdots)$

$$a_1 = 1,\ b_1 = 1,\ a_{n+1} = 2a_n - 3b_n,\ b_{n+1} = -a_n + 4b_n$$

考え方 漸化式を行列の形で表現し，a_1, b_1 と a_n, b_n との関係を行列で表す。

解 与式は

$$\begin{pmatrix} a_{n+1} \\ b_{n+1} \end{pmatrix} = \begin{pmatrix} 2 & -3 \\ -1 & 4 \end{pmatrix}\begin{pmatrix} a_n \\ b_n \end{pmatrix} = \begin{pmatrix} 2 & -3 \\ -1 & 4 \end{pmatrix}\begin{pmatrix} 2 & -3 \\ -1 & 4 \end{pmatrix}\begin{pmatrix} a_{n-1} \\ b_{n-1} \end{pmatrix} = \cdots$$

$$\cdots = \begin{pmatrix} 2 & -3 \\ -1 & 4 \end{pmatrix}^n \begin{pmatrix} a_1 \\ b_1 \end{pmatrix} \quad \leftarrow \text{教 p.188 例題6の方法で行列の } n \text{ 乗を計算}$$

$$= \frac{1}{4}\begin{pmatrix} 5^n + 3 & -3 \cdot 5^n + 3 \\ -5^n + 1 & 3 \cdot 5^n + 1 \end{pmatrix}\begin{pmatrix} 1 \\ 1 \end{pmatrix} = \frac{1}{4}\begin{pmatrix} -2 \cdot 5^n + 6 \\ 2 \cdot 5^n + 2 \end{pmatrix}$$

よって $a_n = \dfrac{1}{4}(-2 \cdot 5^{n-1} + 6),\ b_n = \dfrac{1}{4}(2 \cdot 5^{n-1} + 2)$

175 次の漸化式で定義されている数列 $\{a_n\}$, $\{b_n\}$ について，それぞれの数列の第 n 項 a_n, b_n を求めよ。$(n = 1,\ 2,\ 3,\ \cdots)$

*(1) $a_1 = 1,\ b_1 = -1,\ a_{n+1} = a_n - b_n,\ b_{n+1} = 2a_n + 4b_n$

(2) $a_1 = 1,\ b_1 = -1,\ a_{n+1} = 4a_n + 2b_n,\ b_{n+1} = -3a_n - b_n$

例題 12 ケーリー・ハミルトンの定理を使い $A = \begin{pmatrix} 2 & -1 \\ -3 & 1 \end{pmatrix}$ について次の行列を計算せよ。

(1) $A^2 - 3A - E$ (2) $A^3 - 3A^2$ (3) $A^3 - 4A^2 + 3A + E$

考え方 [ケーリー・ハミルトンの定理] n 次正方行列 A の固有多項式が

$$\varphi(\lambda) = a_0 + a_1\lambda + \cdots + a_n\lambda^n \text{ ならば } \varphi(A) = a_0E + a_1A + \cdots + a_nA^n = O$$

とくに $A = \begin{pmatrix} a & b \\ c & d \end{pmatrix}$ のときは

$$\varphi(\lambda) = \begin{vmatrix} a-\lambda & b \\ c & d-\lambda \end{vmatrix} = \lambda^2 - (a+d)\lambda + ad - bc \text{ なので}$$

$$\varphi(A) = A^2 - (a+d)A + (ad-bc)E = O \hspace{2cm} \text{(発展問題184)}$$

解 (1) $\varphi(A) = A^2 - (2+1)A + \{2 \cdot 1 - (-1) \cdot (-3)\}E$
$= A^2 - 3A - E = O$

(2) (1)より $A^2 - 3A = E$ なので 与式 $= A(A^2 - 3A) = AE = A$

(3) 与式 $= (A^2 - 3A - E)(A - E) + A = A$

*176 $A = \begin{pmatrix} 0 & -1 \\ 1 & a \end{pmatrix}$ が $A^2 + A + E = O$ を満たすとき次の問いに答えよ。

(1) a の値を求めよ。　　　　　　　(2) A^3 を求めよ。

(3) $E + A + A^2 + \cdots + A^{10}$ を求めよ。

177 $A = \begin{pmatrix} 8 & 2 & 2 \\ 2 & -4 & 5 \\ 2 & 5 & -4 \end{pmatrix}$ のとき $A^3 - 79A$ を求めよ。

例題 13 フロベニウスの定理を使い $A = \begin{pmatrix} 2 & 3 \\ 1 & 4 \end{pmatrix}$ からつくった行列 $A^3 + E$ の固有値を求めよ。

考え方 行列 $A^3 + E = f(A)$ に対応する x の多項式が $f(x) = x^3 + 1$ である。

[フロベニウスの定理] n 次正方行列 A の固有値が $\lambda_1, \lambda_2, \cdots, \lambda_n$ であるとする。x の多項式 $f(x) = a_0 + a_1 x + a_2 x^2 + \cdots + a_m x^m$ を用いて行列 $f(A) = a_0 E + a_1 A + a_2 A^2 + \cdots + a_m A^m$ をつくるとき，$f(A)$ の固有値は $f(\lambda_1), f(\lambda_2), \cdots, f(\lambda_n)$ である。　　(発展問題185)

解 A の固有値は $|A - \lambda E| = \begin{vmatrix} 2-\lambda & 3 \\ 1 & 4-\lambda \end{vmatrix} = \lambda^2 - 6\lambda + 5 = 0$ より

$\lambda = 1, 5$

$f(x) = x^3 + 1$ に代入した $f(1) = 2$ と $f(5) = 126$ が答である。

178 $A = \begin{pmatrix} 1 & -3 \\ 1 & 5 \end{pmatrix}$ のとき，次の行列の固有値を求めよ。

(1) $A^2 - 6A + 5E$　　　　　　　　(2) $A^3 - 8E$

179 $A = \begin{pmatrix} 8 & 2 & 2 \\ 2 & -4 & 5 \\ 2 & 5 & -4 \end{pmatrix}$ のとき $A^2 - 9E$ の固有値を求めよ。

180 n 次正方行列 A が，ある自然数 m に対して $A^m = O$ を満たすならば，A の固有値はすべて 0 である。$n = 3$ のときにこの事実が成立することを証明せよ。

━━━━━━━━━━━━━━━ ◆発展問題▶ ━━━━━━━━━━━━━━━

181 次の漸化式で定義されている数列 $\{a_n\}$ はフィボナッチ数列とよばれる数列である。この数列について次の問いに答えよ。（$a_{n+1} = b_n$ とおいて考えよ。）

$$a_1 = 1, \ a_2 = 1, \ a_{n+2} = a_{n+1} + a_n \ (n = 1, \ 2, \ 3, \ \cdots)$$ （例題10）

(1) 第3項 a_3 から第10項 a_{10} までをすべて求めよ。

(2) 第 n 項 a_n を求めよ。

182 n 次正方行列 $A = (a_{ij})$ の固有値が，$\lambda_1, \ \lambda_2, \ \cdots, \ \lambda_n$（重複があってもよい）であるとする。このとき次の問いに答えよ。

(1) A の対角成分の総和のことを A のトレースといい $\text{tr}A$ で表す。

一般に n 次正方行列 $A = (a_{ij})$ と $B = (b_{ij})$ に対して次式が成立する。
$$\text{tr}(AB) = \text{tr}(BA)$$
$n = 2, \ 3$ のときにこの公式が成立することを示せ。

(2) 一般に A のトレースと A の固有値について次式が成立する。
$$a_{11} + a_{22} + a_{33} + \cdots + a_{nn} = \lambda_1 + \lambda_2 + \lambda_3 + \cdots + \lambda_n$$
$n = 2, \ 3$ のときにこの公式が成立することを示せ。 （例題11）

183 問題 **182** の A に対し次の問いに答えよ。

(1) 一般に A の行列式と A の固有値について次式が成立する。
$$|A| = \lambda_1\lambda_2\lambda_3\cdots\lambda_n$$
$n = 2, \ 3$ のときにこの公式が成立することを示せ。

(2) A が2次正方行列で固有値が $\lambda_1 = 1, \ \lambda_2 = 2$ のとき $|A^3 + A^2|$ を求めよ。

184 ［ケーリー・ハミルトンの定理］ n 次正方行列 A の固有多項式が $\varphi(\lambda)$ であるとき $\varphi(A) = O$（零行列）が成立する。

$n = 2$ のときにこの定理が成立することを証明せよ。 （例題12）

185 ［フロベニウスの定理］ n 次正方行列 A の固有値が $\lambda_1, \ \lambda_2, \ \cdots, \ \lambda_n$ で $f(x)$ を x の多項式とすると行列 $f(A)$ の固有値は $f(\lambda_1), \ f(\lambda_2), \ \cdots, \ f(\lambda_n)$ である。

$n = 2$ のときにこの定理が成立することを証明せよ。 （例題13）

4 章 の問題

* **1** 1 次変換 f, g を表す行列をそれぞれ $A = \begin{pmatrix} 5 & -4 \\ 1 & -1 \end{pmatrix}$, $B = \begin{pmatrix} 1 & 2 \\ 2 & 3 \end{pmatrix}$ とする。g に引き続き f による 1 次変換によって点 $(3, 2)$ に移されるもとの点の座標を求めよ。

* **2** 点 $P(\sqrt{3}, 1)$ を原点を中心として $30°$ 回転移動し，さらに直線 $y = -x$ に関して対称移動した点 P' の座標を求めよ。

3 行列 $A = \begin{pmatrix} \cos\theta & -\sin\theta \\ \sin\theta & \cos\theta \end{pmatrix}$ について，A^3 は A の表す回転移動を続けて 3 回行うことを表している。このことを用いて
$$\sin 3\theta = 3\sin\theta - 4\sin^3\theta, \qquad \cos 3\theta = 4\cos^3\theta - 3\cos\theta$$
であることを示せ。

* **4** 行列 $\begin{pmatrix} 2 & -1 \\ 3 & 1 \end{pmatrix}$ で表される 1 次変換により，直線 $y = -2x + 1$ 上の x 座標が t である点 P が移る点を P' とする。
  (1) 点 P' の座標を t を用いて表せ。
  (2) 点 P が直線 $y = -2x + 1$ 上を動くとき，点 P' はどのような図形を描くか。

5 行列 $\begin{pmatrix} 1 & a \\ a & b \end{pmatrix}$ で表される 1 次変換によって，平面上の任意の点が直線 $y = 2x$ 上に移るとき，a, b の値を求めよ。

6 1 次変換 f によって，点 $(1, 0)$ が点 $(3, 2)$ に，点 $(0, 1)$ が点 $(2, 3)$ に移される。
  (1) この 1 次変換 f を表す行列を求めよ。
  (2) f により動かない点をすべて求めよ。
  (3) f により自分自身に移される直線をすべて求めよ。

7 座標平面上に点 $P(\cos\theta, \sin\theta)$ がある。行列 $A = \begin{pmatrix} 1 & -2 \\ -2 & 1 \end{pmatrix}$ による 1 次変換で点 P が点 Q に移るとする。変数 θ が $0 \leqq \theta \leqq \pi$ の範囲で動くとき，点 Q の y 座標のとりうる値の範囲を求めよ。さらに $0 \leqq \theta \leqq \pi$ の範囲でベクトル $\overrightarrow{OP}$ と $\overrightarrow{OQ}$ のなす角が直角となるとき，θ の値を求めよ。

* **8** 行列 $A = \begin{pmatrix} a & b \\ c & d \end{pmatrix}$ の固有値が 1, 2 であり，$E = \begin{pmatrix} 1 & 0 \\ 0 & 1 \end{pmatrix}$ とする。次の①
から⑤の中からまちがったものを 2 つ選べ。

    ① $|A - E| = 0$ となる。   ② $|A + E| = 0$ となる。

    ③ ある正則行列 P に対して $P^{-1}AP = \begin{pmatrix} 1 & 0 \\ 0 & 2 \end{pmatrix}$ となる。

    ④ 行列 $A - 2E$ は逆行列をもたない。

    ⑤ 連立方程式 $\begin{cases} ax + by = x \\ cx + dy = y \end{cases}$ は $x = y = 0$ しか解をもたない。

* **9** $\begin{pmatrix} 4 \\ -1 \end{pmatrix}$ が $A = \begin{pmatrix} 3 & 4 \\ -1 & a \end{pmatrix}$ の固有ベクトルであるとき次の問いに答えよ。

    (1) $\begin{pmatrix} 4 \\ -1 \end{pmatrix}$ はどんな固有値に属する固有ベクトルか。

    (2) a の値を求めよ。

* **10** a が正の実数で $A = \begin{pmatrix} a & 5 \\ 5 & a \end{pmatrix}$ の固有値の 1 つが -2 のとき，次の問いに
答えよ。

    (1) A のもう 1 つの固有値を求めよ。

    (2) 固有値 -2 に属する固有ベクトルを求めよ。

* **11** $A = \begin{pmatrix} 2 & 3 \\ 4 & 3 \end{pmatrix}$ のとき，次の問いに答えよ。$\left(\dfrac{\square}{\square} \text{ は既約分数，} k \text{ は 0 以外の実数} \right)$

    (1) A の固有値を求めよ。

    (2) A の正の固有値に属する固有ベクトルを $k \begin{pmatrix} 1 \\ \dfrac{\square}{\square} \end{pmatrix}$ の形で求めよ。

  12 2 次正方行列 A の固有値が λ_1, λ_2 であるとする。A が次式を満たすとき
の $\lambda_1 + \lambda_2$ の値を求めよ。また，A の対角成分の和 $a_{11} + a_{22}$ を求めよ。

    (1) $A^2 - 2A - 3E = O$ (2) $A^2 = A$

  13 次の行列について A^n を求めよ。

    (1) $A = \begin{pmatrix} 1 & 2 \\ 3 & 6 \end{pmatrix}$ (2) $A = \begin{pmatrix} 1 & 3 \\ 0 & -1 \end{pmatrix}$ (3) $A = \begin{pmatrix} 0 & -1 \\ 1 & 0 \end{pmatrix}$

    (4) $A = \begin{pmatrix} 1 & 1 \\ -2 & 4 \end{pmatrix}$ (5) $A = \begin{pmatrix} a & 1 \\ 0 & a \end{pmatrix}$

解答

詳しい解答や図・証明は，弊社 Web サイト（https://www.jikkyo.co.jp）の本書の紹介からダウンロードできます。

1章　ベクトル

1. 平面ベクトル

1 略

2 (1) $-2\vec{a}+4\vec{b}$　(2) $-2\vec{a}-9\vec{b}$

3 (1) $\vec{x}=2\vec{a}-\vec{b}$

(2) $\vec{x}=\dfrac{3}{4}\vec{a}-\dfrac{1}{2}\vec{b}$

4 (1) $\vec{b}-\vec{a}$　(2) $\vec{b}-2\vec{a}$

(3) $\vec{b}-3\vec{a}$　(4) $\pm\dfrac{1}{2}\vec{b}\mp\dfrac{1}{2}\vec{a}$

(5) $\pm\dfrac{\sqrt{3}}{6}\vec{b}\mp\dfrac{\sqrt{3}}{2}\vec{a}$

5 (1) $(-3,\ 3)$　(2) $(3,\ -9)$

(3) $(-2,\ 4)$

6 (1) $(-3,\ 2)$, $\sqrt{13}$

(2) $(-7,\ 0)$, 7

(3) $(2,\ -6)$, $2\sqrt{10}$

7 $t=1$

8 (1) $\vec{c}=-2\vec{a}+3\vec{b}$

(2) $\vec{d}=4\vec{a}-\vec{b}$

9 (1) $x=3$, $y=2$

(2) $x=0$, $y=0$

10 (1) $5\sqrt{2}$　(2) 7

11 (1) $\theta=\dfrac{\pi}{6}$　(2) $\theta=\dfrac{\pi}{2}$

12 (1) $k=\dfrac{2}{3}$

(2) $k=-2,\ 1$

13 略

14 (1) -14　(2) 6

15 (1) $\vec{a}\cdot\vec{b}=3$　(2) $\theta=\dfrac{\pi}{6}$

16 (1) $\dfrac{\vec{a}+3\vec{b}}{4}$　(2) $\dfrac{-\vec{a}+3\vec{b}}{2}$

17 略

18 (1) $\overrightarrow{PQ}=\dfrac{1}{2}\vec{c}-\dfrac{1}{3}\vec{b}$

$\overrightarrow{PR}=2\vec{c}-\dfrac{4}{3}\vec{b}$

(2) 略

(3) PR を 1：3 に内分する点

19 (1) $\begin{cases} x=2+3t \\ y=1-2t \end{cases}$

(2) $\begin{cases} x=-3+4t \\ y=-1+3t \end{cases}$ $\left(\begin{cases} x=1+4t \\ y=2+3t \end{cases}\right)$

(3) $y=2$

(4) $x-3y-10=0$

(5) $\dfrac{x-4}{2}=\dfrac{y-2}{3}$ または

$3x-2y-8=0$

(6) $(x-3)^2+(y+1)^2=4$

(7) $(x-1)^2+(y+1)^2=5$

20 略

21 証明略　P は AC を 1：2 に内分する。

22 (1) $t=-7$　(2) $t=-2,\ 3$

(3) 最小値は $\dfrac{3\sqrt{2}}{2}$, そのとき $t=\dfrac{1}{2}$

23 (1) $y=-1$　(2) $x=\dfrac{1}{5}$

24 $\overrightarrow{AP}=\dfrac{2}{3}\vec{b}+\dfrac{1}{9}\vec{c}$

25 (1) $(x+1)^2+(y-1)^2=13$

(2) 円は $(x-4)^2+(y-3)^2=8$

接線は $x+y=3$

26 (1) $\dfrac{2\sqrt{5}}{5}$　(2) 4

27 略

2. 空間ベクトル

28 (1) 3　(2) $\sqrt{33}$

29 (1) $AB=BC$ の二等辺三角形

(2) $\angle A=90°$ の直角三角形

30 (1) $\overrightarrow{AF}=\vec{a}+\vec{c}$

(2) $\overrightarrow{EC}=\vec{a}+\vec{b}-\vec{c}$

(3) $\overrightarrow{GA}=-\vec{a}-\vec{b}-\vec{c}$

(4) $\overrightarrow{CM}=-\dfrac{1}{2}\vec{a}-\vec{b}+\vec{c}$

31 (1) $(2,\ -4,\ 2)$, $2\sqrt{6}$

(2) $(6,\ -9,\ -2)$, 11

(3) $(-5,\ 4,\ 11)$, $9\sqrt{2}$

32 (1) $(1,\ 2,\ -2),\ 3$
    (2) $(-1,\ 4,\ -1),\ 3\sqrt{2}$
    (3) $(-4,\ -2,\ 5),\ 3\sqrt{5}$

33 $D(-5,\ 3,\ 1)$

34 $m=-3,\ n=-6$

35 $\vec{a}$ と同じ向きの単位ベクトルは
$$\left(-\frac{1}{3},\ -\frac{\sqrt{6}}{3},\ \frac{\sqrt{2}}{3}\right)$$
$\vec{a}$ と逆向きの単位ベクトルは
$$\left(\frac{1}{3},\ \frac{\sqrt{6}}{3},\ -\frac{\sqrt{2}}{3}\right)$$

36 (1) $\vec{p}=2\vec{a}+3\vec{b}+\vec{c}$
    (2) $\vec{q}=\vec{a}-4\vec{b}+3\vec{c}$

37 (1) 0 (2) 1 (3) -1
    (4) 0

38 (1) $3,\ \theta=\dfrac{\pi}{6}$
    (2) $-15,\ \theta=\dfrac{3\pi}{4}$

39 $\left(\pm\dfrac{2}{3},\ \mp\dfrac{2}{3},\ \pm\dfrac{1}{3}\right)$ (複号同順)

40 $\overrightarrow{OP}=\dfrac{2}{3}\vec{a}+\dfrac{1}{3}\vec{b},\ \overrightarrow{OQ}=2\vec{a}-\vec{b}$
    $P\left(-2,\ \dfrac{8}{3},\ 1\right),\ Q(10,\ 4,\ 5)$

41 (1) $M\left(\dfrac{7}{2},\ \dfrac{9}{2},\ \dfrac{1}{2}\right)$
    (2) $P(4,\ 5,\ 0)$
    (3) $Q(16,\ 17,\ -12)$

42 $(2,\ -1,\ 0)$

43 (1) $\overrightarrow{ON}=\dfrac{1}{5}(2\vec{a}+\vec{b}+\vec{c})$,
$$\overrightarrow{OG}=\dfrac{1}{3}(\vec{b}+\vec{c})$$
    (2) 略

44 (1) $x-2=\dfrac{y+3}{-2}=\dfrac{z-1}{3}$
    (2) $\dfrac{x+1}{2}=3-y=\dfrac{z-\sqrt{2}}{2}$
    (3) $\dfrac{x-1}{2}=2-y=\dfrac{z-4}{2}$
$$\dfrac{x+1}{2}=3-y=\dfrac{z-2}{2}\ \text{でもよい}$$
    (4) $x-z+3=0,\ y=2$
    (5) $x-2y+7=0,\ z=2$

45 (1) $(2,\ -2,\ -1)$

(2) $(-4,\ 5,\ -3)$
(3) $\theta=\dfrac{3}{4}\pi$

46 (1) $x-2y+3z-11=0$
    (2) $x+2y-2z+6=0$
    (3) $x-2y+3z-6=0$

47 (1) $(x-2)^2+(y-3)^2+(z-1)^2=3$
    (2) $x^2+y^2+z^2=2^2$
    (3) $\left(x-\dfrac{5}{2}\right)^2+\left(y-\dfrac{7}{2}\right)^2+\left(z-\dfrac{3}{2}\right)^2$
$$=\dfrac{75}{4}$$
    (4) $(x+1)^2+(y-4)^2+(z-2)^2=1$

48 $(9,\ 0,\ 0)$

49 略

50 (1) -1 (2) 3 (3) -2

51 $\left(\dfrac{5\sqrt{3}}{9},\ -\dfrac{\sqrt{3}}{9},\ \dfrac{\sqrt{3}}{9}\right)$

52 略

53 (1) $H(1,\ 1,\ 4)$
    (2) $\dfrac{9\sqrt{22}}{2}$

54 (1) $\vec{p}=(1-t)\vec{a}+t\vec{b}$
    (2) $(3,\ 0,\ 3)$

55 $x=5$

1章の問題

1 (1) $|\vec{a}|=\sqrt{5}$
$$|\vec{b}|=\sqrt{10}$$
$$\vec{a}\cdot\vec{b}=-5$$
    (2) $\dfrac{3}{4}\pi$ (3) 5

2 (1) $x=-8$ (2) $y=4$

3 $\overrightarrow{OD}=\dfrac{2}{9}\overrightarrow{OA}+\dfrac{1}{3}\overrightarrow{OB}$

4 垂直なベクトルの1つは $(3,\ -2)$
    平行なベクトルの1つは $(2,\ 3)$

5 $\dfrac{x-1}{2}=\dfrac{y-2}{-3}=\dfrac{z-3}{5}$

6 $n=1$

7 $b=4,\ c=6$

8 $m=4,\ n=5$

9 $x+5y+7z+30=0$

10 (1) $y=-\dfrac{1}{3}(x-x_0)+y_0$
    (2) $t+5k+9=0$

(3) $(-k+t)^2+(2k+3)^2=10$

(4) $(k,\ t)=(-2,\ 1)$ または
$(-1,\ -4)$

11 (1) $\dfrac{|\vec{b}|\vec{a}+|\vec{a}|\vec{b}}{|\vec{a}|+|\vec{b}|}$

(2) $\dfrac{|\vec{b}|\vec{a}+|\vec{a}|\vec{b}}{\||\vec{b}|\vec{a}+|\vec{a}|\vec{b}\|}$

12 $\left(\dfrac{2}{3},\ \dfrac{2}{3},\ \dfrac{2}{3}\right)$

13 (1) $2x+y+2z-10=0$

(2) $\dfrac{|2a+b+2c-10|}{3}$

(3) $\dfrac{5}{4}$

14 (1) $(0,\ 1,\ -1)$

(2) $2x-y-z=0$

15 $x=y-1=-z$

16 $\dfrac{11}{3}\pi$

2章 行列と連立1次方程式

1. 行列

56 (1) 3 (2) 4 (3) 6

57 (1) $a=2,\ b=3,\ c=-1,\ d=0$

(2) $a=3,\ b=-1,\ c=2$

58 (1) $\begin{pmatrix}5&2\\4&-3\end{pmatrix}$ (2) $\begin{pmatrix}3&6&5\\7&7&9\end{pmatrix}$

59 (1) $\begin{pmatrix}3&-4\\1&2\end{pmatrix}$

(2) $\begin{pmatrix}1&0&-1\\-2&1&1\end{pmatrix}$

60 $\begin{pmatrix}2&2\\-5&0\end{pmatrix}$

61 (1) $\begin{pmatrix}5&1\\11&6\end{pmatrix}$ (2) $\begin{pmatrix}-1&4\\3&6\end{pmatrix}$

(3) $\begin{pmatrix}7&-1\\5&-5\end{pmatrix}$

62 (1) $\begin{pmatrix}11&-9\\-2&8\end{pmatrix}$

(2) $X=\begin{pmatrix}3&-1\\2&0\end{pmatrix}$, $Y=\begin{pmatrix}2&-2\\-1&2\end{pmatrix}$

63 (1) 4 (2) 1

64 (1) $\begin{pmatrix}9\\7\end{pmatrix}$ (2) $\begin{pmatrix}3\\1\end{pmatrix}$ (3) $\begin{pmatrix}3\\4\end{pmatrix}$

65 (1) $\begin{pmatrix}9&11\\13&7\end{pmatrix}$ (2) $\begin{pmatrix}-1&7\\14&6\end{pmatrix}$

(3) $\begin{pmatrix}ab&2a\\0&ab\end{pmatrix}$

66 (1) $\begin{pmatrix}4&7&4\\5&4&3\\3&5&5\end{pmatrix}$

(2) $\begin{pmatrix}8&4&3\\2&-3&3\\5&1&1\end{pmatrix}$

67 (1) 19 (2) $(13\ 22)$

(3) $\begin{pmatrix}-5\\0\\2\end{pmatrix}$

(4) $\begin{pmatrix}8&4&12\\10&5&15\\4&2&6\end{pmatrix}$

(5) $\begin{pmatrix}-5&18\\0&22\end{pmatrix}$

68 (1)(2)とも $\begin{pmatrix}a&b&c\\d&e&f\\g&h&i\end{pmatrix}$

(3) $\begin{pmatrix}1&0&0\\0&1&0\\0&0&1\end{pmatrix}$

69 (1) $A^2=\begin{pmatrix}0&1\\-1&-1\end{pmatrix}$

$A^3=\begin{pmatrix}1&0\\0&1\end{pmatrix}=E$

$A^4=\begin{pmatrix}-1&-1\\1&0\end{pmatrix}=A$

(2) $A^2=\begin{pmatrix}-3&7\\-1&2\end{pmatrix}$

$A^3=\begin{pmatrix}1&0\\0&1\end{pmatrix}=E$

$A^4=\begin{pmatrix}2&-7\\1&-3\end{pmatrix}=A$

(3) $A^2=\begin{pmatrix}-1&0\\0&-1\end{pmatrix}=-E$

$A^3=\begin{pmatrix}-1&-2\\1&1\end{pmatrix}=-A$

$A^4=\begin{pmatrix}1&0\\0&1\end{pmatrix}=E$

(4) $A^2=\begin{pmatrix}1&2\\0&1\end{pmatrix}$

$A^3=\begin{pmatrix}1&3\\0&1\end{pmatrix}$

$$A^4=\begin{pmatrix} 1 & 4 \\ 0 & 1 \end{pmatrix}$$

(5) $A^2=\begin{pmatrix} 1 & 2 & 1 \\ 0 & 1 & 2 \\ 0 & 0 & 1 \end{pmatrix}$

$A^3=\begin{pmatrix} 1 & 3 & 3 \\ 0 & 1 & 3 \\ 0 & 0 & 1 \end{pmatrix}$

$A^4=\begin{pmatrix} 1 & 4 & 6 \\ 0 & 1 & 4 \\ 0 & 0 & 1 \end{pmatrix}$

70 略

71 $a=0$ かつ $bc=0$

72 (1) $\begin{pmatrix} 3 & -5 \\ -1 & 2 \end{pmatrix}$　(2) $\begin{pmatrix} -5 & 9 \\ 4 & -7 \end{pmatrix}$

(3) 逆行列は存在しない

73 (1)(3) $(AB)^{-1}=B^{-1}A^{-1}$
$=\begin{pmatrix} 8 & -29 \\ -11 & 40 \end{pmatrix}$

(2) $A^{-1}B^{-1}=\begin{pmatrix} 34 & -25 \\ -19 & 14 \end{pmatrix}$

74 (1) $\begin{pmatrix} -4 & -2 \\ 3 & 2 \end{pmatrix}$　(2) $\begin{pmatrix} 10 & -4 \\ 2 & -1 \end{pmatrix}$

75 $\begin{pmatrix} 1 & 2^n-1 \\ 0 & 2^n \end{pmatrix}$

76 (1) $\begin{pmatrix} 2 & 4 \\ 3 & 6 \end{pmatrix}$　(2) $\begin{pmatrix} 8 & 1 \\ 4 & 3 \\ 2 & 5 \end{pmatrix}$

(3) $\begin{pmatrix} 1 & 3 & 9 \\ 2 & 5 & 8 \\ 4 & 7 & 6 \end{pmatrix}$

77 (1)(3)とも ${}^t(AB)={}^tB\,{}^tA=\begin{pmatrix} 3 & 6 \\ 4 & 8 \end{pmatrix}$

(2) ${}^tA\,{}^tB=\begin{pmatrix} 16 & -10 \\ 8 & -5 \end{pmatrix}$

78 (1) $\begin{pmatrix} 6 & 5 & 0 \\ 11 & 10 & -13 \\ 8 & 3 & 20 \end{pmatrix}$

(2) $\begin{pmatrix} 2 & -3 & -1 \\ -3 & -14 & 1 \\ -1 & 1 & 12 \end{pmatrix}$

(3) $\begin{pmatrix} -1 & 1 & 7 \\ 0 & 1 & 8 \\ -5 & -10 & 20 \end{pmatrix}$

79 (1) $\begin{pmatrix} 3 & 8 \\ 6 & 36 \end{pmatrix}$　(2) $\begin{pmatrix} 15 & 15 \\ 9 & 24 \end{pmatrix}$

(3) $\begin{pmatrix} 9 & -11 \\ 57 & 12 \end{pmatrix}$

80 (1), (3) 略

(2) $\begin{pmatrix} 1 & 2 \\ 0 & -1 \end{pmatrix}$

81 (1) $k=\pm6$　(2) $k=\pm7$

(3) $k=-4,\ 0,\ 3$

82〜86 略

87 (1) $\begin{pmatrix} a & \pm\sqrt{1-a^2} \\ \mp\sqrt{1-a^2} & a \end{pmatrix}$
（複号同順）

(2) $\begin{pmatrix} \cos\theta & \pm\sin\theta \\ \mp\sin\theta & \cos\theta \end{pmatrix}$ （複号同順）

(3) $\theta=0,\ \pi$

2. 連立1次方程式と行列

88 (1) $\begin{cases} x=1 \\ y=2 \\ z=-1 \end{cases}$　(2) $\begin{cases} x=-1 \\ y=1 \\ z=3 \end{cases}$

89 (1) $\begin{cases} x=\dfrac{7}{2} \\ y=-\dfrac{2}{3} \end{cases}$　(2) $\begin{cases} x=2 \\ y=1 \\ z=1 \\ w=-1 \end{cases}$

90 (1) $\begin{cases} x=t \\ y=t-1 \\ z=t \end{cases}$ （t は任意の実数）

(2) $\begin{cases} x=t+1 \\ y=2t \\ z=t \end{cases}$ （t は任意の実数）

(3), (4) 解なし

91 (1) $\begin{pmatrix} 5 & -3 \\ -8 & 5 \end{pmatrix}$　(2) $\begin{pmatrix} -5 & 3 \\ 7 & -4 \end{pmatrix}$

(3) $\begin{pmatrix} -\dfrac{5}{2} & \dfrac{3}{2} \\ 2 & -1 \end{pmatrix}$

(4) $\begin{pmatrix} \dfrac{1}{5} & \dfrac{2}{5} \\ -\dfrac{1}{5} & \dfrac{3}{5} \end{pmatrix}$

(5) 逆行列はない

92 (1) $\begin{pmatrix} 1 & -3 & 3 \\ 0 & 1 & -1 \\ 0 & -2 & 3 \end{pmatrix}$

(2) $\begin{pmatrix} 13 & -6 & -4 \\ -2 & 1 & 1 \\ -4 & 2 & 1 \end{pmatrix}$

(3) $\begin{pmatrix} -7 & 20 & -25 \\ 5 & -14 & 18 \\ 1 & -3 & 4 \end{pmatrix}$

93 (1) $\begin{pmatrix} 2 & 0 & 1 & -2 \\ -3 & -3 & -4 & 7 \\ 0 & 1 & 1 & -1 \\ 1 & 1 & 1 & -2 \end{pmatrix}$

(2) $\begin{pmatrix} 3 & -5 & -2 & 3 \\ -3 & 6 & 3 & -4 \\ 2 & -4 & -2 & 3 \\ -1 & 3 & 1 & -2 \end{pmatrix}$

94 (1) 1　(2) 3　(3) 2　(4) 2
(5) 2

95 (1) $\operatorname{rank} A = 2$, $\operatorname{rank} A' = 3$, 解をもたない
(2) $\operatorname{rank} A = 2$, $\operatorname{rank} A' = 2$, 解をもつ
(3) $\operatorname{rank} A = 2$, $\operatorname{rank} A' = 2$, 解をもつ
(4) $\operatorname{rank} A = 2$, $\operatorname{rank} A' = 2$, 解をもつ

96 (1) $\begin{cases} x = 4 \\ y = -3 \\ z = -2 \end{cases}$ (2) $\begin{cases} x = \dfrac{1}{2} \\ y = 1 \\ z = \dfrac{1}{2} \end{cases}$

97 (1) $\begin{cases} x = -1 \\ y = 2 \\ z = 1 \\ w = -1 \end{cases}$ (2) $\begin{cases} x = 3 \\ y = -1 \\ z = -2 \\ w = 2 \end{cases}$

98 (1) $\begin{cases} x = t+1 \\ y = t+2 \\ z = t \end{cases}$ （t は任意の実数）

(2) $\begin{cases} x = 1-t \\ y = 1+2t \\ z = t \end{cases}$ （t は任意の実数）

99 (1) $\begin{cases} x = 2t-s+1 \\ y = -t+3s+2 \\ z = t \\ w = s \end{cases}$ （t, s は任意の実数）

(2) $\begin{cases} x = t-2s+1 \\ y = t \\ z = 2t+3s-1 \\ w = s \end{cases}$ （t, s は任意の実数）

100 (1) $\begin{pmatrix} -1 & 2 & -1 \\ 1 & -1 & 1 \\ -1 & 1 & 0 \end{pmatrix}$

(2) $\begin{pmatrix} -5 & 3 & -2 \\ 2 & -1 & 1 \\ 4 & -2 & 1 \end{pmatrix}$

(3) $\dfrac{1}{2}\begin{pmatrix} 1 & 1 & -1 \\ 1 & -1 & 1 \\ -1 & 1 & 1 \end{pmatrix}$

(4) $\begin{pmatrix} 1 & \dfrac{4}{5} & \dfrac{2}{5} \\ 1 & \dfrac{9}{10} & \dfrac{7}{10} \\ 1 & \dfrac{1}{2} & \dfrac{1}{2} \end{pmatrix}$

101 (1) 3　(2) 2
102 (1) 4　(2) 2
103 略

104 (1) $X = \begin{pmatrix} 7 & 3 & 9 \\ 4 & 4 & 0 \\ 4 & 3 & 2 \end{pmatrix}$

(2) $X = \begin{pmatrix} 6 & 7 & 10 \\ 3 & 10 & 1 \\ -4 & -9 & -4 \end{pmatrix}$

(3) $X = \begin{pmatrix} 2 & 3 & 1 \\ 4 & 3 & 0 \\ 5 & 4 & 0 \end{pmatrix}$

105 略
106 略

2章の問題

1 (1) 3　(2) 8　(3) 1
2 9
3 ②, ⑦
4 (1) n が奇数のとき $\begin{pmatrix} 0 & 1 \\ 1 & 0 \end{pmatrix}$
n が偶数のとき $\begin{pmatrix} 1 & 0 \\ 0 & 1 \end{pmatrix}$
(2) $\begin{pmatrix} a^n & na^{n-1} \\ 0 & a^n \end{pmatrix}$
5 (1) $a = 1$ のとき 1, それ以外のとき 2
(2) $a = 1$ のとき 1, それ以外のとき 3
6 (1) $x = 1$ のとき 1,
$x = -1$, 0 のとき 2,
それ以外のとき 3
(2) $a = b = 0$ のとき 0,
$a = b \neq 0$ のとき 1,

$a \neq b$ かつ $a+3b=0$ のとき 3,

$a \neq b$ かつ $a+3b \neq 0$ のとき 4

7 解をもつための条件は，$a=9$

解は $x=t-s+7$, $y=t-5$, $z=t$,

$u=s$ （t, s は任意の実数）

8 $a=-1$ のとき $\begin{cases} x=1 \\ y=-1 \\ z=0 \end{cases}$

$a=0$ のとき $\begin{cases} x=1-t \\ y=t \\ z=t \end{cases}$

（t は任意の実数）

9 求める条件は $(ad-bc)e \neq 0$ であり，

$A^{-1} = \dfrac{1}{ad-bc} \begin{pmatrix} d & -b & 0 \\ -c & a & 0 \\ 0 & 0 & \dfrac{ad-bc}{e} \end{pmatrix}$

10 (1) $A' = (SA+AS)+(DA+AD)$

(2) $D = \begin{pmatrix} a & 0 \\ 0 & d \end{pmatrix}$,

$S = \dfrac{1}{2} \begin{pmatrix} 0 & b+c \\ b+c & 0 \end{pmatrix}$,

$A = \dfrac{1}{2} \begin{pmatrix} 0 & b-c \\ c-b & 0 \end{pmatrix}$

11 $\begin{pmatrix} 6 & -3 & -7 \\ -1 & 2 & 1 \\ 5 & -3 & -6 \end{pmatrix}$

3章 行列式

1. 行列式の定義と性質

107 (1) 行列式は 7 （正則），

逆行列は $\dfrac{1}{7} \begin{pmatrix} 3 & 1 \\ -1 & 2 \end{pmatrix}$

(2) 行列式は -1 （正則），

逆行列は $\begin{pmatrix} 1 & 1 \\ 1 & 0 \end{pmatrix}$

(3) 行列式は -45 （正則），

逆行列は $-\dfrac{1}{45} \begin{pmatrix} 1 & 6 \\ 8 & 3 \end{pmatrix}$

(4) 行列式は 11 （正則），

逆行列は $\dfrac{1}{11} \begin{pmatrix} 9 & 1 \\ -2 & 1 \end{pmatrix}$

108 (1) -8 (2) 3 (3) abc

109 (1) 6 (2) 1 (3) $2abc$

110 (1) 5 (2) 48

111 (1) 20 (2) 8 (3) 326

112 $D_{11}=20$, $\tilde{a}_{11}=20$, $D_{12}=16$,

$\tilde{a}_{12}=-16$, $D_{13}=2$, $\tilde{a}_{13}=2$

113 (1) 2 (2) 209

114 略

115 (1) $a(1-a)^2$

(2) $(a+b)(a^2-ab+b^2)$

(3) $(a+b+c)(a-b)(b-c)(c-a)$

116 (1) $x=0$, 1 (2) $x=\pm\sqrt{2}$

(3) $x=-3$

117 略

118 (1) 199 (2) 53 (3) 1

(4) -122

119 (1) $(a-b)(a-c)(a-d)(b-c)$

$(b-d)(c-d)$

(2) $(a+3b)(a-b)^3$

(3) $(a+b+c)(a+b-c)(a-b+c)$

$(a-b-c)$

120~122 略

2. 行列式の応用

123 (1) $\dfrac{1}{22} \begin{pmatrix} 6 & 5 & 3 \\ -10 & -12 & 6 \\ 14 & 8 & -4 \end{pmatrix}$

(2) $\dfrac{1}{24} \begin{pmatrix} -3 & 3 & 12 \\ 4 & -8 & -4 \\ 5 & -1 & -8 \end{pmatrix}$

(3) $-\dfrac{1}{5} \begin{pmatrix} -2 & -3 & 1 \\ 1 & 1 & -1 \\ 1 & -2 & 1 \end{pmatrix}$

124 (1) $x_1=-2$, $x_2=\dfrac{3}{2}$

(2) $x_1=\dfrac{7}{16}$, $x_2=-\dfrac{3}{32}$

(3) $x_1=-\dfrac{1}{4}$, $x_2=\dfrac{17}{16}$, $x_3=-\dfrac{7}{16}$

(4) $x_1=-\dfrac{1}{18}$, $x_2=\dfrac{13}{18}$, $x_3=\dfrac{11}{18}$

125 (1) $k=-12$, $x_1=5t$, $x_2=-3t$,

$x_3=t$ （t は 0 でない任意の定数）

(2) $k=\pm\dfrac{1}{\sqrt{2}}$

$k=\dfrac{1}{\sqrt{2}}$ のとき

$x_1=-t$, $x_2=t$, $x_3=(2-\sqrt{2})t$

$k=-\dfrac{1}{\sqrt{2}}$ のとき

$x_1=-t,\ x_2=t,\ x_3=(2+\sqrt{2})t$

（t は 0 でない任意の定数）

126 $\dfrac{21}{2}$

127 (1) 21　　(2) 105

128 (1) 1 次独立　　(2) 1 次従属

129 (1) $\dfrac{1}{(a-b)(b-c)(c-a)}\times$

$$\begin{pmatrix} bc(c-b) & (b+c)(b-c) & c-b \\ ac(a-c) & (c+a)(c-a) & a-c \\ ab(b-a) & (a+b)(a-b) & b-a \end{pmatrix}$$

(2) $\dfrac{1}{a^3-b^3}\begin{pmatrix} ab & b^2 & a^2 \\ a^2 & ab & b^2 \\ b^2 & a^2 & ab \end{pmatrix}$

130 (1) $\begin{pmatrix} 0 & 0 & 0 & 1 \\ 0 & 0 & -1 & 0 \\ 0 & -1 & 0 & 0 \\ 1 & 0 & 0 & 0 \end{pmatrix}$

(2) $\begin{pmatrix} 1 & -1 & 1 & -1 \\ 0 & 1 & -1 & 1 \\ 0 & 0 & 1 & -1 \\ 0 & 0 & 0 & 1 \end{pmatrix}$

131 略

132 $a\neq1$ かつ $b\neq1$ かつ $a\neq b$

133 $\dfrac{14}{3}$

134 (1) 略

(2) $\boldsymbol{x}=2\boldsymbol{a}+3\boldsymbol{b}+\boldsymbol{c}$

135 略

136 $a=\pm3,\ \pm1$

137 $\lambda=2,\ -1$

$\lambda=2$ のとき $x=2t,\ y=t$

$\lambda=-1$ のとき $x=t,\ y=2t$

（t は 0 以外の任意定数）

138 (1) $|A|=\pm|\boldsymbol{a}||\boldsymbol{b}||\boldsymbol{c}|$

(2) 略

(3) $l=\dfrac{\boldsymbol{a}\cdot\boldsymbol{x}}{|\boldsymbol{a}|^2},\ m=\dfrac{\boldsymbol{b}\cdot\boldsymbol{x}}{|\boldsymbol{b}|^2},\ n=\dfrac{\boldsymbol{c}\cdot\boldsymbol{x}}{|\boldsymbol{c}|^2}$

139, 140 略

3章の問題

1 (1) 7　　(2) 1　　(3) -91
　　(4) 14　　(5) 5　　(6) 8

2 (1) $(x-1)(y-1)(y-x)$

(2) $x\neq1$ かつ $y\neq1$ かつ $x\neq y$

3 48

4 (1) 2　　(2) 0

5 $a=0,\ 2$

$a=0$ のとき，$x=0,\ y=t,\ z=t$

$a=2$ のとき，$x=2t,\ y=-3t,\ z=t$

（t は 0 でない任意定数）

6 $a=2$

7 (1) 略

(2) $(x-a)(x-b)(x-c)$

(3) $x=a,\ b,\ c$

8 解をもつのは $a=0$ または -1 のとき

$a=0$ のとき　$x=1-t,\ y=z=t$

（t は任意定数）

$a=-1$ のとき　$x=1,\ y=-1,$
$z=0$

9 (1) 略

(2) $n+1$

10 (1) $\begin{vmatrix} x_1 & y_1 \\ x & y \end{vmatrix}=0$

(2) 略

4章　行列の応用

1. 1次変換

141 $\begin{pmatrix} -1 & 0 \\ 0 & -1 \end{pmatrix}$, $(b-a,\ -\sqrt{3})$

142 (1) $(-1,\ 1)$　　(2) $(2,\ -3)$
(3) $(5,\ -7)$
(4) $(-a+2b,\ a-3b)$

143 (1) $(a,\ b)$
(2) $(a+2b,\ -2a+3b)$
(3) $(2a+4b,\ a+2b)$

144 $\begin{pmatrix} 2 & 3 \\ 1 & -1 \end{pmatrix}$

145 (1) $\left(-\dfrac{\sqrt{6}+\sqrt{2}}{2},\ -\dfrac{\sqrt{6}-\sqrt{2}}{2}\right)$
(2) $(1,\ -\sqrt{3})$
(3) $(\sqrt{3},\ 1)$

146 $P(4\sqrt{3},\ -8)$

147 (1) $f\circ g$ を表す行列は $\begin{pmatrix} -6 & -3 \\ 3 & -1 \end{pmatrix}$
$g\circ f$ を表す行列は $\begin{pmatrix} -2 & -1 \\ 5 & -5 \end{pmatrix}$

(2) $f \circ g$ による像は点 $(-9,\ 2)$
　　 $g \circ f$ による像は点 $(-3,\ 0)$

148 $(-5,\ 3)$

149 $\begin{pmatrix} 1 & 0 \\ 0 & 1 \end{pmatrix}$

150 $(0,\ 2)$ または $(\sqrt{3},\ -1)$

151 直線 $y = \dfrac{7}{8}x - \dfrac{1}{4}$

152 $x^2 - \sqrt{3}\,xy + 2y^2 = 1$

153 $\dfrac{1}{5}\begin{pmatrix} -3 & 4 \\ 4 & 3 \end{pmatrix}$

154 (1) $\begin{pmatrix} 2 & \sqrt{2} \\ \sqrt{2} & 3 \end{pmatrix}$

(2) $(k,\ t) = (4,\ \sqrt{2}),\ \left(1,\ -\dfrac{1}{\sqrt{2}}\right)$

155 $(-\sqrt{2},\ -2\sqrt{2})$

156 (1) $\begin{pmatrix} -2 & 1 \\ 1 & 0 \end{pmatrix}$, 点 $(-4,\ 1)$

(2)(3)とも $\begin{pmatrix} 0 & 1 \\ 1 & 2 \end{pmatrix}$, 点 $(-2,\ -3)$

157 $m = \dfrac{1}{5}$

158 $a = 4,\ b = -1$

159 (1) $\begin{pmatrix} 1 & -2 \\ 2 & 3 \end{pmatrix}$

(2) 直線 $4x + 5y - 21 = 0$

160 (1) $A^{-1} = \begin{pmatrix} \dfrac{\sqrt{3}}{2} & \dfrac{1}{2} \\ -\dfrac{1}{2} & \dfrac{\sqrt{3}}{2} \end{pmatrix}$

$A^2 = \begin{pmatrix} \dfrac{1}{2} & -\dfrac{\sqrt{3}}{2} \\ \dfrac{\sqrt{3}}{2} & \dfrac{1}{2} \end{pmatrix}$

(2) $n = 12$ 　(3) $\left(-\dfrac{5}{2},\ \dfrac{\sqrt{3}}{2}\right)$

161 $k = 2,\ -1$

162 $x^2 + y^2 = 1$

163 (1) $(2,\ -1)$
(2) 略

2. 固有値と対角化

164 (1) $\lambda = 4,\ \begin{pmatrix} \alpha \\ -\alpha \end{pmatrix}$; $\lambda = 2,\ \begin{pmatrix} -3\beta \\ \beta \end{pmatrix}$
　　　($\alpha,\ \beta$ は 0 以外の任意数)

(2) $\lambda = 1,\ \begin{pmatrix} \alpha \\ 0 \\ 0 \end{pmatrix}$; $\lambda = 2,\ \begin{pmatrix} 0 \\ \beta \\ 0 \end{pmatrix}$;

$\lambda = 3,\ \begin{pmatrix} 0 \\ 0 \\ \gamma \end{pmatrix}$

　($\alpha,\ \beta,\ \gamma$ は 0 以外の任意数)

(3) $\lambda = 1,\ \begin{pmatrix} \alpha \\ -\alpha \\ \gamma \end{pmatrix}$; $\lambda = 3,\ \begin{pmatrix} \beta \\ \beta \\ \beta \end{pmatrix}$

　($\alpha,\ \beta,\ \gamma$ は 0 以外の任意数。ただし，α と γ が同時に 0 になる場合を除く。)

165 以下において，P はそれぞれ一例を示すものである。

(1) $P = \begin{pmatrix} 3 & -1 \\ -2 & 1 \end{pmatrix}$

$P^{-1}AP = \begin{pmatrix} 2 & 0 \\ 0 & 3 \end{pmatrix}$

(2) $P = \begin{pmatrix} 1 & -1 & 1 \\ -1 & -1 & 1 \\ 0 & 1 & 0 \end{pmatrix}$

$P^{-1}AP = \begin{pmatrix} 0 & 0 & 0 \\ 0 & 1 & 0 \\ 0 & 0 & 2 \end{pmatrix}$

(3) $P = \begin{pmatrix} -2 & 1 & -1 \\ 1 & 0 & 1 \\ 3 & -1 & 1 \end{pmatrix}$

$P^{-1}AP = \begin{pmatrix} -1 & 0 & 0 \\ 0 & 1 & 0 \\ 0 & 0 & 2 \end{pmatrix}$

166 (1) 対角化不可能である。

(2) $P = \begin{pmatrix} -1 & -1 & 1 \\ 1 & 0 & 1 \\ 0 & 1 & 0 \end{pmatrix}$

$P^{-1}AP = \begin{pmatrix} 1 & 0 & 0 \\ 0 & 1 & 0 \\ 0 & 0 & 3 \end{pmatrix}$

(3) 対角化不可能である。

167 (1) $P = \dfrac{1}{\sqrt{2}}\begin{pmatrix} 1 & -1 \\ 1 & 1 \end{pmatrix}$

${}^{t}PAP = \begin{pmatrix} 0 & 0 \\ 0 & 2 \end{pmatrix}$

(2) $P = \dfrac{1}{\sqrt{2}}\begin{pmatrix} 1 & 1 \\ -1 & 1 \end{pmatrix}$,

${}^{t}PAP = \begin{pmatrix} 2 & 0 \\ 0 & 4 \end{pmatrix}$

(3) $P = \dfrac{1}{\sqrt{5}}\begin{pmatrix} 1 & 2 \\ -2 & 1 \end{pmatrix}$

$\quad {}^{t}PAP = \begin{pmatrix} -1 & 0 \\ 0 & 4 \end{pmatrix}$

(4) $P = \dfrac{1}{\sqrt{2}}\begin{pmatrix} 1 & 0 & 1 \\ 0 & \sqrt{2} & 0 \\ -1 & 0 & 1 \end{pmatrix}$

$\quad {}^{t}PAP = \begin{pmatrix} 0 & 0 & 0 \\ 0 & 1 & 0 \\ 0 & 0 & 2 \end{pmatrix}$

(5) $P = \dfrac{1}{\sqrt{6}}\begin{pmatrix} 1 & \sqrt{2} & \sqrt{3} \\ 1 & \sqrt{2} & -\sqrt{3} \\ -2 & \sqrt{2} & 0 \end{pmatrix}$

$\quad {}^{t}PAP = \begin{pmatrix} -2 & 0 & 0 \\ 0 & 1 & 0 \\ 0 & 0 & 2 \end{pmatrix}$

(6) $P = \dfrac{1}{\sqrt{6}}\begin{pmatrix} \sqrt{3} & 1 & \sqrt{2} \\ 0 & -2 & \sqrt{2} \\ -\sqrt{3} & 1 & \sqrt{2} \end{pmatrix}$

$\quad {}^{t}PAP = \begin{pmatrix} 0 & 0 & 0 \\ 0 & 0 & 0 \\ 0 & 0 & 3 \end{pmatrix}$

168 (1) $A^n = \begin{pmatrix} 2^{n+1}-3^n & 2^n-3^n \\ -2^{n+1}+2\cdot 3^n & -2^n+2\cdot 3^n \end{pmatrix}$

(2) $A^n = \begin{pmatrix} 3\cdot 2^n-2 & 2^{n+1}-2 \\ -3\cdot 2^n+3 & -2^{n+1}+3 \end{pmatrix}$

(3) $A^n = \dfrac{1}{2}\begin{pmatrix} (-1)^n+1 & (-1)^{n+1}+1 \\ (-1)^{n+1}+1 & (-1)^n+1 \end{pmatrix}$

169 (1) 楕円 $\left(\dfrac{x'}{3}\right)^2+y'^2=1$ を原点のまわりに $-\dfrac{\pi}{4}$ 回転して得られる楕円

(2) 双曲線 $\left(\dfrac{x'}{2}\right)^2-y'^2=1$ を原点のまわりに $-\dfrac{\pi}{4}$ 回転して得られる双曲線

170 (1) $P = \begin{pmatrix} 1 & 0 & 1 \\ 0 & 1 & 1 \\ -1 & -2 & 1 \end{pmatrix}$

$\quad P^{-1}AP = \begin{pmatrix} 1 & 0 & 0 \\ 0 & 1 & 0 \\ 0 & 0 & 5 \end{pmatrix}$

(2) $P = \begin{pmatrix} 1 & 0 & -2 \\ 0 & 1 & -1 \\ 2 & 1 & 1 \end{pmatrix}$

$\quad P^{-1}AP = \begin{pmatrix} 0 & 0 & 0 \\ 0 & 0 & 0 \\ 0 & 0 & 6 \end{pmatrix}$

(3) $P = \begin{pmatrix} 1 & 0 & 1 \\ 1 & 1 & 1 \\ 0 & 1 & 2 \end{pmatrix}$

$\quad P^{-1}AP = \begin{pmatrix} -2 & 0 & 0 \\ 0 & -2 & 0 \\ 0 & 0 & 4 \end{pmatrix}$

171 (1) $P = \dfrac{1}{\sqrt{6}}\begin{pmatrix} \sqrt{2} & -\sqrt{3} & 1 \\ \sqrt{2} & \sqrt{3} & 1 \\ \sqrt{2} & 0 & -2 \end{pmatrix}$

$\quad {}^{t}PAP = \begin{pmatrix} -3 & 0 & 0 \\ 0 & 3 & 0 \\ 0 & 0 & 3 \end{pmatrix}$

(2) $P = \dfrac{1}{\sqrt{6}}\begin{pmatrix} \sqrt{3} & 1 & -\sqrt{2} \\ \sqrt{3} & -1 & \sqrt{2} \\ 0 & -2 & -\sqrt{2} \end{pmatrix}$

$\quad {}^{t}PAP = \begin{pmatrix} -1 & 0 & 0 \\ 0 & -1 & 0 \\ 0 & 0 & 5 \end{pmatrix}$

(3) $P = \dfrac{1}{3}\begin{pmatrix} 2 & 1 & 2 \\ -2 & 2 & 1 \\ -1 & -2 & 2 \end{pmatrix}$

$\quad {}^{t}PAP = \begin{pmatrix} -1 & 0 & 0 \\ 0 & -1 & 0 \\ 0 & 0 & 8 \end{pmatrix}$

172 略

173 (1) 放物線 $x'=y'^2$ を原点中心に $\dfrac{\pi}{3}$ 回転して得られる図形

(2) 放物線 $x'=y'^2$ を原点中心に $\dfrac{\pi}{4}$ 回転して得られる図形

(3) 放物線 $x'^2=y'$ を原点中心に $\dfrac{\pi}{6}$ 回転して得られる図形

174 (1) 与式$=-3x'^2+3y'^2+3z'^2$

(2) 与式$=-x'^2-y'^2+5z'^2$

175 (1) $a_n=2^{n-1}$
$\quad b_n=-2^{n-1}$

(2) $a_n=2^{n-1}$
$\quad b_n=-2^{n-1}$

176 (1) $a=-1$　(2) $A^3=E$

(3) 与式$=\begin{pmatrix} 1 & -1 \\ 1 & 0 \end{pmatrix}$

177 与式＝$\begin{pmatrix} 16 & 4 & 4 \\ 4 & -8 & 10 \\ 4 & 10 & -8 \end{pmatrix}$

178 (1) -3

(2) 0 と 56

179 -9 と 72

180 略

181 (1) $a_3=2$, $a_4=3$, $a_5=5$, $a_6=8$,
$a_7=13$, $a_8=21$, $a_9=34$, $a_{10}=55$

(2) $a_n=\dfrac{1}{\sqrt{5}}\left\{\left(\dfrac{1+\sqrt{5}}{2}\right)^n - \left(\dfrac{1-\sqrt{5}}{2}\right)^n\right\}$

182 略

183 (1) 略

(2) 24

184, 185 略

4章の問題

1 $(1, -3)$

2 $(-\sqrt{3}, -1)$

3 略

4 (1) $(4t-1, t+1)$

(2) 直線 $x-4y+5=0$

5 $a=2$, $b=4$

6 (1) $\begin{pmatrix} 3 & 2 \\ 2 & 3 \end{pmatrix}$

(2) $(t, -t)$ (t は任意の実数)

(3) $y=x+n$ (n は任意の実数),
$y=-x$

7 $-2 \leqq y \leqq \sqrt{5}$, $\theta=\dfrac{\pi}{12}$, $\dfrac{5}{12}\pi$

8 ②と⑤が誤り。

9 (1) 2　　(2) -2

10 (1) $\lambda=8$

(2) $\begin{pmatrix} \alpha \\ -\alpha \end{pmatrix}$

(α は 0 以外の任意数)

11 (1) $\lambda=-1, 6$

(2) $k\begin{pmatrix} 1 \\ \dfrac{4}{3} \end{pmatrix}$

12 (1) $\lambda_1+\lambda_2=-2, 2, 6$
各々の値に対応して $a_{11}+a_{22}=-2$,
$2, 6$

(2) $\lambda_1+\lambda_2=0, 1, 2$
各々の値に対応して $a_{11}+a_{22}=0, 1,$

2

13 (1) $A^n=7^{n-1}\begin{pmatrix} 1 & 2 \\ 3 & 6 \end{pmatrix}$

(2) n が偶数のときは $A^n=E$,
n が奇数のときは $A^n=A$

(3) $n=4m$ のとき $A^n=E$
$n=4m+1$ のとき $A^n=A$
$n=4m+2$ のとき $A^n=-E$
$n=4m+3$ のとき $A^n=-A$
(ただし, m は 0 以上の整数)

(4) $A^n=\begin{pmatrix} 2^{n+1}-3^n & -2^n+3^n \\ 2^{n+1}-2\cdot3^n & -2^n+2\cdot3^n \end{pmatrix}$

(5) $A^n=\begin{pmatrix} a^n & na^{n-1} \\ 0 & a^n \end{pmatrix}$

●本書の関連データが web サイトからダウンロードできます。

https://www.jikkyo.co.jp/download/ で

「新版線形代数 演習 改訂版」を検索してください。

提供データ：問題の解説

■監修

<ruby>岡本和夫<rt>おかもとかずお</rt></ruby> 東京大学名誉教授

■編修

<ruby>安田智之<rt>やすだともゆき</rt></ruby> 奈良工業高等専門学校教授

<ruby>佐藤尊文<rt>さとうたかふみ</rt></ruby> 秋田工業高等専門学校准教授

<ruby>佐伯昭彦<rt>さえきあきひこ</rt></ruby> 鳴門教育大学大学院教授

<ruby>鈴木正樹<rt>すずきまさき</rt></ruby> 沼津工業高等専門学校准教授

<ruby>中谷亮子<rt>なかたにあきこ</rt></ruby> 元金沢工業高等専門学校准教授

●表紙・本文基本デザイン──エッジ・デザインオフィス
●組版データ作成──㈱四国写研

新版数学シリーズ

新版線形代数 演習 改訂版

2011年10月31日 初版第 1 刷発行
2021年 7 月30日 改訂版第 1 刷発行
2023年 2 月28日 第 3 刷発行

●著作者 岡本和夫 ほか
●発行者 小田良次
●印刷所 株式会社広済堂ネクスト

●発行所 実教出版株式会社
〒102-8377
東京都千代田区五番町 5 番地
電話 ［営　業］(03) 3238-7765
　　　［企画開発］(03) 3238-7751
　　　［総　務］(03) 3238-7700
https://www.jikkyo.co.jp/

無断複写・転載を禁ず

ISBN 978-4-407-34949-8 C3041

Printed in Japan